Baby Food for Infant and Toddler

健康寶寶
副食品全書

積木文化編輯部 企畫製作
洪乃棠○食譜示範　廖家威○攝影

目 錄 Contents

020　第1階段

寶寶口水變多，盯著正在吃東西的
大人，一副也很想吃的樣子。

月齡
5-6個月

月齡 **1** 歲以上

給你的寶寶最好的！

寶寶長大了，可以開始吃副食品了！這是所有為人父母最開心也最關心的大事之一，可是，究竟要讓寶寶吃什麼、怎麼吃，才能吃得開心又健康呢？

一般來說，醫師建議寶寶大約在第五個月至第七個月之間開始攝取副食品，並且循序漸進、慢慢增加副食品的份量及種類，直到完全取代母乳或配方奶。日文將我們所謂的「副食品」稱之為「離乳食」，其實在意義上更為貼切。

對於新手爸媽來說，準備副食品真是一門大學問，也常為此傷透腦筋，各種問題與狀況更是層出不窮：「可以給寶寶吃這個嗎？」「寶寶都不吃我準備的副食品，是不是哪裡出了問題？」「吃這個會不會過敏？」「寶寶一直吃個不停，會不會吃太多？」「寶寶老是吃得亂七八糟，怎麼辦？」「寶寶很挑食，攝取的營養是不是不夠均衡？」……

本書是為所有新手爸媽打造的副食品全書，除了收錄四階段、共計100道豐富營養的寶寶副食品食譜之外，更貼心為新手爸媽們整理了所有關於副食品的重要資訊，解答所有關於副食品的疑惑，以清晰有條理的方式，搭配精彩的圖片解說，讓新手爸媽一看就懂，輕鬆獲取所需要的資訊。只要一書在手，就能搞定所有關於寶寶副食品的大小事，是新手爸媽們最實用的育兒飲食寶典。

當然，最後還是要提醒您，每個寶寶都有自己獨一無二的成長歷程，無須與其他寶寶做比較，也要針對寶寶的成長狀態調整出最適合他的副食品。「給你的寶寶最好的！」這是所有爸媽們的心願，也希望這本書能陪伴著您，與您一起分享寶寶成長的喜悅。

本書使用計量單位
1小匙＝5c.c.
1大匙＝15c.c.
1　杯＝240c.c.

Baby Home網站

「我的寶寶吃副食品囉」
徵圖活動　入選名單

積木文化與**Baby Home網站**合辦的「我的寶寶吃副食品囉」徵圖活動，期間收到許多來自各地的精彩寶寶圖片，在此再次感謝各位爸爸媽媽的熱情參與。入選者將可獲得《健康寶寶副食品全書》一本，照片也會刊登於本書中喔。

循序漸進吃副食品

不同月齡的寶寶，該餵哪些食物與分量呢？

咀嚼法	食物的軟硬度

1 第一階段 （5～6個月）

一直只喝母乳或配方奶的寶寶，這時期舌頭只會前後移動。餵食時他是用嘴唇將湯匙上的食物夾入口中，再以舌頭移到口腔深處，然後閉起嘴巴，咕嚕一口直接吞下食物。

沒有硬塊
完全糜爛

食物裡不能有會卡在口中的硬塊，一定要從完全糜爛呈糊狀的食物開始餵食，一點一點慢慢減少水分，讓食物變得越來越濃稠、黏糊。

2 第二階段 （7～8個月）

這時期寶寶舌頭已能前後、上下移動，他會用舌頭和上顎夾食物，將食物壓碎。壓碎食物時，寶寶的嘴巴會向左右伸縮扭動。

十分軟爛
能用舌頭壓碎

食物的軟硬度，差不多是用媽媽的手指很輕鬆就能壓碎的程度。為了讓寶寶容易吞嚥，最好煮得像泥狀一般軟爛再餵食。

3 第三階段 （9～11個月）

這時期寶寶的舌頭已經能夠左右移動，會將食物推到牙床上，用牙床來咀嚼。如果寶寶這時單側臉頰鼓起，嘴巴閉著往一邊歪扭，就表示他正在努力咀嚼。

能用牙床
輕鬆壓碎

餵食的食物，差不多是用手指稍微用力就能捏碎的程度。此時寶寶已會用手抓取物品，所以設法切成寶寶好抓食的大小。

4 第四階段 （1歲～1歲3個月）

寶寶這時舌頭、嘴唇或下顎已能自由活動，隨著牙齒的生長，已能用前牙咬斷食物，或用臼齒咬碎食物，咀嚼力也漸漸變得像大人一樣。

配合咀嚼力
煮成軟硬適中

此時期先餵食和第三階段相同軟硬度的食物，儘管寶寶已經長牙，但還無法像大人一般咀嚼，所以要配合咀嚼能力，將食物煮成適合的軟硬度。

本頁整理了一份副食品進程建議表，讓您清楚了解寶寶在各階段的咀嚼方式、一次餵食的分量與適合的軟硬度等。餵食時若有任何疑問，請參考本表加以應用。

穀類	蛋	豆製品	乳製品	魚	肉	蔬菜水果	油脂、糖類
10倍稀飯 30～40公克 ×2 ～ ×2又2/3	蛋黃 ×2/3個以下	以豆腐為例 25公克 ×1又2/3	以原味優格為例 55公克 ×3又2/3	以白肉魚為例 5～10公克 ×1/3 ～ ×2/3	以絞肉為例 第一階段 不餵食	以胡蘿蔔為例 15～20公克 ×1 ～ ×1又1/3	0～1公克 ×1/15
7倍稀飯 50～80公克 ×3又1/3 ～ ×5又1/3	蛋黃1個 ～ 全蛋1/2個	40～50公克 ×2又2/3 ～ ×3又1/3	85～100公克 ×5又2/3 ～ ×6又2/3	13～15公克 ×4/5 ～ ×1	10～15公克 ×2/3 ～ ×1	5公克 ×1又2/3	2～2.5公克 ×1/7 ～ ×1/6
5倍稀飯 90～100公克 ×6～7 ～ 軟飯80公克	全蛋 ×1/2個	50公克 ×3又1/3	100公克 ×6又2/3	15公克 ×1	18公克 ×1又1/5	30～40公克 ×2 ～ ×2又2/3	3公克 ×1/5
軟飯90公克 ～ 乾飯80公克	全蛋 ×1/2 ～ ×2/3個	50～55公克 ×3又1/3 ～ ×3又2/3	100～120公克 ×6又2/3 ～ ×8	15～18公克 ×1 ～ ×1又1/5	18～20公克 ×1又1/5 ～ ×1又1/3	40～50公克 ×2又2/3 ～ ×3又1/3	4公克 ×1/4

各階段的食物軟硬度

餵食前請先了解、熟悉！

	米	胡蘿蔔

第一階段

這是以1：10比例的米和水煮成的稀飯，煮好的米粒要充分磨碎至沒有顆粒後再餵食。

煮成糊狀。胡蘿蔔切細末，用蔬菜湯煮至軟爛，磨成糊狀後，加入用水調勻的太白粉，煮成稀泥狀。

第二階段

這是用1：7比例的米和水煮成的稀飯，米粒要磨到幾乎看不見的程度，讓稀飯呈現濃稠黏糊狀。

煮成濃稠狀。胡蘿蔔切小塊煮至變軟，切成細末後，加入用水調勻的太白粉煮成泥狀。

第三階段

這是用1：5比例的米和水煮成的稀飯，米粒充分吸收水分後膨脹變軟，大約是大人食用稀飯的軟度。

切小丁狀。胡蘿蔔煮至變軟，切成7mm正方的小丁，以蔬菜湯煮過後，加入用水調勻的太白粉勾芡。

第四階段

這是用1：1.2比例的米和水煮成的軟飯，軟硬度大概比大人吃的乾飯再稍微軟一點。

切丁狀。胡蘿蔔煮至變軟，切成1cm正方的小丁，若要加入其他蔬菜，都要切成胡蘿蔔般的大小。

對於首次製作副食品的媽媽來說，最傷腦筋的莫過於食物的軟硬度和形狀。本頁以副食品常用的代表性食材為例，製成讓您能輕鬆了解各期狀況的一覽表。

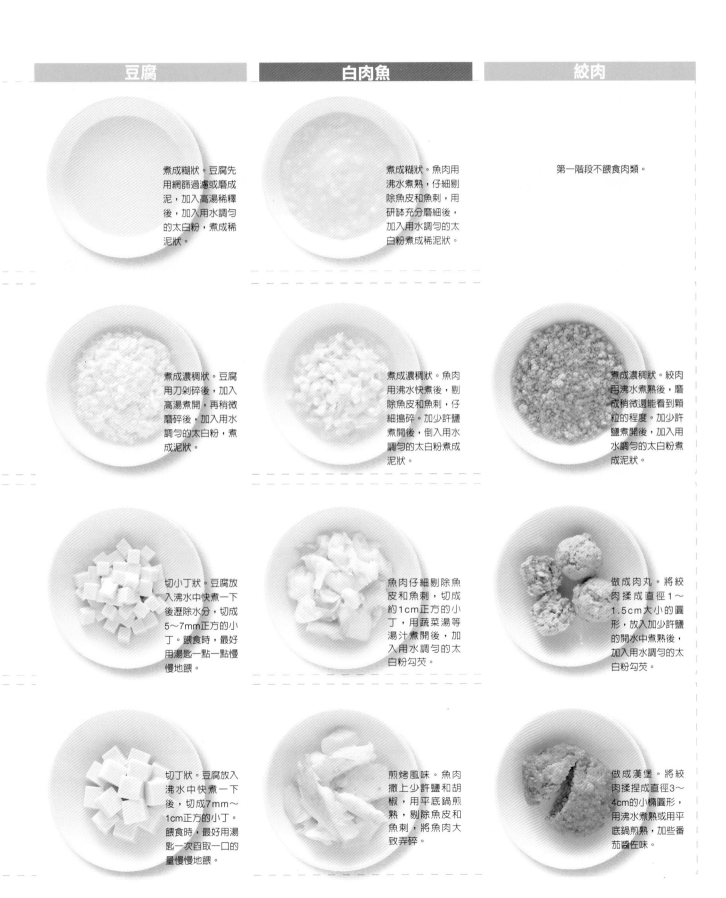

豆腐	白肉魚	絞肉
煮成糊狀。豆腐先用網篩過濾或磨成泥，加入高湯稀釋後，加入用水調勻的太白粉，煮成稀泥狀。	煮成糊狀。魚肉用沸水煮熟，仔細剔除魚皮和魚刺，用研缽充分磨細後，加入用水調勻的太白粉煮成稀泥狀。	第一階段不餵食肉類。
煮成濃稠狀。豆腐用刀剁碎後，加入高湯煮開，再稍微磨碎後，加入用水調勻的太白粉，煮成泥狀。	煮成濃稠狀。魚肉用沸水快煮後，剔除魚皮和魚刺，仔細搗碎。加少許鹽煮開後，倒入用水調勻的太白粉煮成泥狀。	煮成濃稠狀。絞肉用沸水煮熟後，磨成稍微還能看到顆粒的程度。加少許鹽煮開後，加入用水調勻的太白粉煮成泥狀。
切小丁狀。豆腐放入沸水中快煮一下後瀝除水分，切成5～7mm正方的小丁。餵食時，最好用湯匙一點一點慢慢地餵。	魚肉仔細剔除魚皮和魚刺，切成約1cm正方的小丁，用蔬菜湯等湯汁煮開後，加入用水調勻的太白粉勾芡。	做成肉丸。將絞肉揉成直徑1～1.5cm大小的圓形，放入加少許鹽的開水中煮熟後，加入用水調勻的太白粉勾芡。
切丁狀。豆腐放入沸水中快煮一下後，切成7mm～1cm正方的小丁。餵食時，最好用湯匙一次舀取一口的量慢慢地餵。	煎烤風味。魚肉撒上少許鹽和胡椒，用平底鍋煎熟，剔除魚皮和魚刺，將魚肉大致弄碎。	做成漢堡。將絞肉揉捏成直徑3～4cm的小橢圓形，用沸水煮熟或用平底鍋煎熟，加些番茄醬佐味。

副食品基礎烹調法

事先學會就能得心應手！

柴魚高湯的作法

烹調副食品時經常要用到的高湯，可一次多做一點，放在冰箱冷凍保存，要用時就很方便。烹調大人的料理或味噌湯時也能使用。

1 準備高湯用海帶約10cm，柴魚片一大把（約小袋裝柴魚片2袋份量）。

2 在鍋裡放入約3杯水和海帶，稍微浸泡一下。然後開中火加熱，快煮開時撈出海帶。

3 在煮開的沸水中加入柴魚片，邊煮邊用筷子挑散開來，別讓柴魚結成團。

4 再次煮開後就熄火，待高湯變涼（請勿在高湯還是熱的時候就放入冰箱），放涼到柴魚片都沉入鍋底為止。

5 在網篩上鋪上紙巾或乾淨的棉布，倒入煮好的高湯過濾。

將高湯倒入製冰盒中，放入冰箱冷凍，約可保存一週的時間。每次只取所需的分量，即可解凍使用。

小魚乾高湯作法

在超市或傳統市場的乾貨店就可以買到的小魚乾，也是簡易高湯的方便素材之一。

1 準備約10條小魚乾。在超市的乾貨區，小魚乾經常和柴魚、筍乾等乾貨一起販售。

2 用手掐除小魚乾的頭部和內臟（魚腹部分），以去除腥味和苦味。

3 在鍋中放入處理好的小魚乾，倒入1又1/2杯的水，加熱煮至即將沸騰時即熄火，放涼後過濾備用。

更簡單的作法！

在耐熱容器中放入剔除頭部和內臟的小魚乾，倒入1又1/2杯的水，蓋上保鮮膜後放入微波爐中加熱，依微波爐功率，加熱至快要沸騰時即可，等高湯涼了之後，再取出小魚乾。

本頁要介紹副食品的基礎烹調，包括高湯、蔬菜湯和稀飯的簡單作法。事先備妥後，即使料理新手也不會失敗，而且還能應用在大人的料理中，請您務必先學會！

蔬菜高湯的作法

蔬菜高湯可作為製作副食品的湯底，除了示範使用的蔬菜外，還可利用冰箱裡現有的蔬菜，例如蘿蔔、荸薺、南瓜和花椰菜等來製作。

1 胡蘿蔔、洋蔥、馬鈴薯、番茄、花椰菜梗、高麗菜等蔬菜，去皮和根後，從中切成2～3等分。

2 蔬菜放入大鍋中，倒入能蓋住蔬菜的水量，以中火加熱。

3 煮開後轉小火，撈除表面雜質或浮沫，一直熱煮到蔬菜全變軟為止。

蔬菜的再利用！

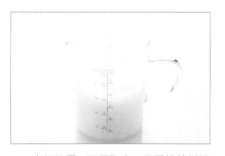

煮過的蔬菜不要丟棄，可以作為寶寶的副食品。例如將煮軟的胡蘿蔔、馬鈴薯磨碎或切小塊，就可以省去另外烹煮的時間了。

4 以網篩過濾蔬菜湯，裝入大碗中，放涼。

5 將蔬菜湯倒入製冰盒中，放入冰箱冷凍，約可保存1週，每次只取所需的分量，即可解凍使用。

超簡單稀飯的作法

用電鍋煮大人的米飯時，也可以一起煮寶寶的稀飯。請參照下表斟酌稀飯中米和水的比例，配合寶寶的月齡來調整軟硬度。

1 米洗淨後放在網篩上瀝除水分，將米放入耐熱杯（也可用耐熱量杯）中，加入所需分量的水。

2 在內鍋裡放入米（大人食用），倒入平時煮飯的水量。在內鍋的正中央放入步驟1的杯子，比照平常放入電鍋中炊煮。

3 煮好後燜一下再取出。用研鉢將稀飯磨碎，第一階段磨到完全沒有米粒，第二階段則磨到快沒有米粒的狀態。

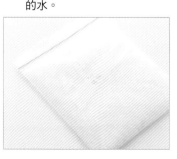

4 只取要食用的分量，其餘裝入夾鏈袋中攤平，放入冷凍庫約可保存1週，每次只摺取所需的分量，解凍後即可使用。

稀飯水量調整一覽表

	月齡	米和水的比例	
		米	水
10倍稀飯	第一階段前半（5個月）	1	10
7倍稀飯	第一階段後半（6個月）	1	7
5倍稀飯	第二階段（7～8個月）	1	5
4倍稀飯	第三階段（9～11個月）	1	4
軟飯	第四階段（1歲～1歲3個月）	1	3
乾飯	1歲4個月以上	1	1.2

進入副食品之前的

開始暖身、練習吃副食品吧

哎呀！這第一口紅蘿蔔泥味道不如想像中的可口！
怪怪的ㄋㄟ！

・寶貝姓名・
李雅綺
・生 日・
2004年2月18日
・拍攝日期・
2004年8月10日

 1 **讓寶寶習慣使用湯匙，
並適應食物的味道**

寶寶出生四個月後，為了讓他習慣母乳及配方奶以外的食物味道，可以開始餵食果汁。所謂的果汁，並非大人喝的100％純果汁，而是將新鮮水果榨汁後，再加開水稀釋成兩倍的果汁，或者也可以使用嬰兒食品的果汁。等寶寶習慣後，就可試餵高湯或蔬菜湯（請參考P.14、15）。但是，果汁或湯都是液體，並非副食品，它們只是為了讓寶寶習慣食物的味道和口感，如果寶寶不喜歡，也不要勉強，讓他輕鬆地嘗試就好！

 2 **配合副食品，調整授乳的節奏**

母乳或奶粉對寶寶來說，雖然是理想的營養來源，但是隨著寶寶成長，營養會逐漸不足，因此要開始進入吃副食品的階段。寶寶出生3～4個月後，餵母乳或配方奶的時間漸趨穩定，為了開始餵副食品，要調整授乳的節奏。一天中若想讓寶寶不定時授乳，媽媽可以和寶寶玩，或帶他去公園散步，藉此拉長授乳間隔至3～4個小時，這樣會比較好決定餵食副食品的時間。

 3 **果汁或湯一天最多餵30c.c.**

這個時期的重點是，要讓寶寶從母乳或配方奶中攝取足夠的營養，所以餵果汁或湯時，要挑不會影響授乳的時間。例如散步或洗澡後寶寶覺得口渴時，就會很自然地喝下。一次餵的份量，最多只能30c.c.（2大匙）。用湯匙比用奶瓶來餵更容易斟酌份量，還能讓寶寶練習使用湯匙。別只讓寶寶喝果汁或湯，請別忘了這時期還是要以母乳或配方奶為主。

 4 **離乳準備期的湯或果汁
是烹調的基礎**

在離乳準備期讓寶寶喝的果汁、高湯或蔬菜湯等，是往後烹調副食品的基礎。磨泥、搗碎、榨汁等都是經常要用到的烹飪技巧，所以請先參閱右頁，了解這些技巧對製作副食品大有幫助。同時也要熟練高湯或蔬菜湯（P14、15）的作法。對媽媽來說，準備期也是烹調的練習期。在此期間需備妥寶寶用的副食品餐具、研鉢和網篩等製作副食品時必備的烹調用具。

準備期

寶寶正式開始吃副食品前，可以先用湯匙餵他們喝果汁或湯汁等。因為只是練習階段，媽媽不必緊張，趁寶寶心情好的時候，輕鬆地讓他試吃看看。

果汁的作法

這裡介紹準備期不可少的果汁作法。儘管嬰兒食品很方便，但最好還是能讓寶寶嘗到新鮮水果的風味。製作前，烹調用具請先用沸水消毒。

榨汁

柳橙

柳橙或葡萄等水果是利用壓榨法，柳橙用榨汁器擠取果汁，葡萄去皮後，用紗布包住來擠汁。

磨泥

蘋果

梨或蘋果等水果剔除果皮和果核後，從中切成六等分，用研磨器磨成泥。

搗碎

番茄

番茄之類的水果，去蒂和果皮後，切成一口大小，以木杵搗碎，使用研缽會更方便。

過濾

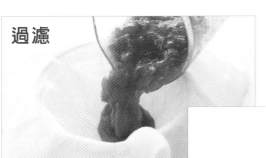

榨取、搗爛後取得的果汁，為去除果肉和籽，可用紗布或茶葉濾袋來過濾。

稀釋

直接榨取的果汁味道太濃，尤其是柑橘類水果味道很酸，要以開水稀釋成兩倍。

完成

雖然製作果汁有點麻煩，但因不適合冷凍保存，所以要現喝現做。

餵食下列飲品也 OK

蔬菜湯

蔬菜加水熬煮後，用紗布或網篩濾掉菜料，這種溶入蔬菜甜味的蔬菜湯就可給寶寶喝，餵食時不要放調味料。

嬰兒食品的果汁和湯

市售嬰兒食品的果汁和湯，只要用開水調勻或開瓶後就能餵食。可充分利用這類食品，並且讓寶寶練習使用湯匙飲用。

副食品的方便道具

人氣用品大集合

❀ 附吸盤餐碗

寶寶充滿好奇心，有時會用手敲打餐具，有時還會打翻整盤食物，這款底部附吸盤的餐具，能牢牢地固定在桌上，能避免寶寶吃得到處都是。

❀ 安全湯匙、叉子

這組餐具的粗細很適合寶寶拿握，非常受到歡迎。叉子尖端的圓形設計，能避免寶寶使用時刺傷自己的喉嚨。上面還印有寶寶喜愛的卡通人物，能讓寶寶享受更愉快用餐時光！

❀ 燉粥調理杯（電鍋專用）

這組電鍋專用的燉粥調理杯是不銹鋼材質，在煮飯的同時可熬出副食品稀飯，附有壓碎稀飯的濾網，而量匙尾端似刮刀的設計，便於壓碎稀飯。

❀ 圍兜

這是避免食物滴落弄髒衣服必備的道具，建議購買經防水加工處理的產品。常見的款式有二，一是綁帶式的，一是鬆緊帶型，有些還附有口袋能承接食物渣。

製作副食品並不需要特別的用具，但有些用品還是能縮短烹調時間、方便保存食物，這裡介紹市面上就可以輕易買到的副食品輔助道具，請您參考！

❀ 分格餐盤

做成像自助餐的分格餐盤，只是材質為塑膠製品，不怕寶寶弄翻摔破，寶寶的餐點可依格分裝，菜色不會混在一起影響了味道，可選擇寶寶喜愛的卡通圖樣，增加進食的慾望。

❀ 副食品餵食餐具組（媽媽用）

這組餐具包含離乳期所需的餐具，有餐盤、兩款適合離乳第一階段嘴型與料理型態的湯匙、附蓋小飯碗和杯子，所有需求都顧慮到了。

❀ 杯子

當寶寶已學會自己喝水時，可換用單握把的可愛水杯，一則滿足寶寶喜愛模仿大人動作的好奇心，二則建立常喝水的好習慣。

❀ 燉粥調理杯
（微波爐專用）

可以白米或白飯烹煮成副食品稀飯，本體上附有水位刻度，使用非常方便，是忙碌媽媽節省煮粥時間的好幫手。

❀ 水果餵食器

這是一個讓寶寶嘗試接受水果的餵食器，上方是環形握把讓寶寶好抓，下方則是很細密的網袋，削皮後的水果放入後果肉也不易跑出來。

❀ 副食品烹調用具組

儘管使用家中現有的用具也能烹調副食品，但若準備一套專門用具，會更方便順手。它共有榨汁、磨泥、過濾和搗碎等四項功能，還能全部重疊組合起來，收納不占空間。

第1階段

練習閉嘴吞嚥的階段

寶貝姓名：段昱靚
生　　日：2005年10月4日
拍攝日期：2006年4月20日

靚靚第一次吃到烤土司，先試探看看這不同於ㄋㄟㄋㄟ味道的東西，發現放到嘴可以磨牙也會化掉，就認真起來，非常有趣！

月齡 5-6個月

開始餵食的標準

寶寶口水變多，
盯著正在吃東西的大人，
一副也很想吃的樣子。

**①進入第五個月，
若出現暗示性動作即可開始餵食**

寶寶出生後第五個月，就可以慢慢開始餵食副食品。這時寶寶若出現暗示性動作，例如凝視著爸媽吃飯，嘴巴蠕動好像在吃東西似的，就表示寶寶已經能吃副食品了。剛開始餵食副食品，除了早晨和深夜之外，在一天的授乳之間，都能餵一次副食品。初次餵副食品要選寶寶沒生病、情緒好的時候。為了讓寶寶維持規律的作息，一旦決定餵食時間，最好儘量都保持在同樣的時段。第一天從餵食一匙開始，再慢慢增加份量。若寶寶不太愛吃也別擔心，因為此時期主要的營養來源還是母乳和配方奶，讓寶寶慢慢地循序漸進就行了。

②準備細滑、容易吞嚥的食物

雖然稱為副食品，但也沒必要想得太困難，製作的要訣只有一個，就是讓食物容易吞嚥、呈細滑的濃湯狀，只要遵守這項原則

就沒問題了。
建議您剛開始可以餵磨碎的稀飯或蔬菜濃湯等好消化的食品。第一階段因為只需餵幾匙的量，所以也可以利用嬰兒食品。副食品的適當溫度大約和配方奶相同，大人不會覺得太冷或太熱，大致和人體體溫差不多。

副食品的餵食參考

種類		第一階段
月齡		5～6個月
次數	副食品	1～2次
	母乳　配方奶	3～4次
料理形態		黏糊濃稠
一次大約的分量	I　穀類	磨碎的稀飯30～40公克
	II　蛋 或豆腐 或乳製品 或魚肉	蛋黃2/3個以下 25公克 55公克 5～10公克
	III　蔬菜　水果	15～20公克
	烹調用油脂類　砂糖	各0～1公克

可以餵食的食物

碳水化合物

米飯（10倍稀飯）　馬鈴薯、番薯

吐司（吐司糊）　香蕉

麵條（麵條糊）

蛋白質

豆腐　蛋（蛋黃）

無糖優格　白肉魚

蔬果

高麗菜　胡蘿蔔

洋蔥　蘋果

南瓜　葡萄

最初2週的詳細進食範例

從5個月開始	第1天	第2天	第3天	第4天	第5天	第6天	第7天	第8天	第9天	第10天	第11天	第12天	第13天	第14天
熱量來源食物 例：稀飯糊	1匙	2匙	2匙	2匙	3匙	3匙	3匙	4匙	4匙	5匙	5匙	6匙	6匙	6匙
維他命、礦物質 來源食物 例：南瓜	無					1匙	1匙	1匙	1匙	1匙	1匙	2匙	2匙	3匙
蛋白質來源食物 例：豆腐	無													

---

③ 從單一食物開始，再慢慢增加種類

最初餵食副食品的目標不在於攝取營養，而在於讓寶寶熟悉湯匙的觸感和吞嚥動作，所以不需特別注意營養均衡的問題。剛開始餵食的前五天，通常是以穀類和薯類為主。隨著寶寶食量增加，再加入蔬菜和蛋白質類的食品。寶寶稚嫩的消化系統難以消化的肉類，要等進入第二階段以後才可餵食。這時的副食品幾乎不必調味，只要讓寶寶品嘗食材本身的味道就夠了。若要使用調味料，也是以大人吃不出味道的極少量程度為宜。
這時期是以「副食品＋配方奶」為一餐的概念來餵寶寶，只要他想吃就讓他吃。

④ 剛開始無法順利吞嚥，也要保持耐心繼續餵食

到目前為止只會吸吮的寶寶，為了吸吮乳頭，舌頭只會前後運動。這時是讓他練習閉起嘴巴、咕嚕一聲吞嚥的階段。閉起雙唇的動作，也攸關寶寶咀嚼力的發展，意義重大。為方便寶寶吞嚥，餵食時可將食物放在舌頭正中央再稍微裡面一點的位置。剛開始寶寶吞嚥不順，常會發生溢出或吐出的情形，只要用湯匙接住流出的食物，再放入寶寶口中就行了。剛開始無法順利吞嚥是很自然的事，媽媽如果很焦急，寶寶也會跟著很緊張，所以要放輕鬆、有耐心地慢慢餵。

⑤ 等寶寶能順利吞嚥後，才開始一天吃兩次

寶寶開始吃副食品後，大約一個月後就會漸漸習慣。等他能順利閉起嘴巴吞嚥食物後，才可增加副食品的次數，變成一天餵兩次。第一次和第二次之間最好間隔3～4小時。等寶寶習慣黏糊糊濃湯狀的食物後，可減少水分但仍保持食物的細滑度，變得好像優格般的硬度再餵食。但是，每個寶寶接受副食品的情況不盡相同，如果寶寶不肯吃，也不要勉強一天餵兩次。
開始吃副食品後，寶寶排便的情形可能會有變化，但如果精神很好，就完全不必擔心。

菠菜稀飯

材 料
菠菜葉····30公克
10倍稀飯····5大匙

Step 1
將10倍稀飯盛入碗中。

Step 2
菠菜葉洗淨後,放入滾水中氽燙至熟透,
瀝乾水分,放入研磨器中磨成泥狀,加入
準備好的稀飯中即成。

MEMO　綠色的葉菜類食材會隨著烹調時間越長而流失較多
的營養成分,可選取較嫩的葉片,即可不需要燙太
久的時間。

番茄烏龍麵糊

材 料
番茄····30公克
烏龍麵····40公克
高湯····5大匙

Step 1
番茄洗淨,與烏龍麵一起放入滾水中氽燙
至熟透,撈出瀝乾水分。

Step 2
將燙熟的烏龍麵切細,放入研磨器中磨成
糊狀,放入碗中,加入燒開的高湯拌勻。

Step 3
將燙熟的番茄去皮,放入研磨器中搗成碎
泥,加入烏龍麵中拌勻即成。

MEMO　烏龍麵可以更換成其他種類的白麵條,但在第一階
段先不要使用有添加調味的麵條,例如雞蛋麵、山
藥麵、油麵等。

MEMO　讓麵包先充分吸收牛奶軟化，較容易磨細；如果研磨後麵包顆粒仍然很粗，可再過濾一次。牛奶可使用母乳或配方奶。

牛奶麵包糊

材料
牛奶····5大匙
白土司····1/4片

Step 1
白土司去皮切碎後，加入少許牛奶泡軟，放入研磨器中磨成細泥。

Step 2
將磨好的牛奶麵包泥倒入小碗中，加入剩餘的牛奶調勻即成。

MEMO　在熬蔬菜高湯時就加入馬鈴薯一起熬煮，就可以省去蒸馬鈴薯的步驟；但要注意不要讓馬鈴薯煮太久，以免湯汁變得混濁。

馬鈴薯蔬菜濃湯

材料
馬鈴薯····50公克
蔬菜高湯····6大匙
海苔粉····少許

Step 1
馬鈴薯洗淨去皮，放入電鍋中蒸至熟透。

Step 2
將蒸熟的馬鈴薯放入研磨器中磨成泥，倒入碗中，加入燒開的蔬菜高湯，最後撒上少許海苔粉即成。

香蕉粥

材 料
10倍稀飯‧‧‧‧6大匙
香蕉‧‧‧‧1/4根

Step 1
將10倍稀飯盛入碗中。

Step 2
香蕉去皮，放入研磨器中磨成泥狀，加入
準備好的稀飯中即成。

MEMO　如果香蕉太乾不好研磨，可加少許冷開水或高湯一
起研磨。香蕉可以換成其他酸味較低的水果。

水果麵包糊

材 料
白土司‧‧‧‧1/4片
蘋果汁‧‧‧‧3大匙
葡萄‧‧‧‧3顆

Step 1
白土司去皮，放入烤箱中，以180℃烘烤
至表面金黃乾脆、但不過於焦黑的程度。

Step 2
取出烤好的土司，捏碎放入研磨器中，加
入少許蘋果汁吸收後，磨成泥狀，倒入碗
中，加入剩餘的蘋果汁拌勻。

Step 3
葡萄洗淨去皮後，放入研磨器中磨成泥
狀，加入蘋果麵包糊中即成。

MEMO　烤過的麵包味道比較香，寶寶的接受度會更高，只
要充分吸收果汁軟化，就不會有吞嚥或消化問題。

MEMO　寶寶在這個階段的食量不大，小份量製作時不適合將材料放入稀飯中一起熬煮，所以在製作上需要分開處理。

魩仔魚小白菜稀飯

材料
魩仔魚····15公克
小白菜葉····10公克
10倍稀飯····5大匙

Step 1
小白菜洗淨，放入滾水中燙熟，撈出瀝乾水分，以乾淨燙過的剪刀剪至細碎。

Step 2
魩仔魚放入漏杓中沖洗乾淨，放入滾水中再次燙洗數下，瀝乾水分後，放入研磨器中磨成泥狀。

Step 3
將10倍稀飯盛入碗中，加入處理好的小白菜和魩仔魚拌勻即成。

MEMO　味噌須選用顆粒細緻的種類，才可直接使用，如果顆粒較粗，可先和高湯調勻後過濾一次再使用。

豆腐菠菜味噌湯

材料
菠菜葉····10公克　　柴魚高湯··6大匙
豆腐····20公克　　　太白粉水····少許
低鹽味噌····1小匙

Step 1
菠菜葉洗淨，放入滾水中燙熟，撈出瀝乾水分，以乾淨燙過的剪刀剪至細碎。

Step 2
豆腐放入研磨器中，磨成泥狀。

Step 3
將柴魚高湯倒入小鍋中，加入菠菜葉、豆腐、低鹽味噌混合拌勻，以小火煮開後，分次少量淋入太白粉水，勾芡至稍呈濃稠狀即成。

鯛魚糊

材料
鯛魚片‧‧‧‧40公克
高湯‧‧‧‧4大匙
太白粉水‧‧‧‧少許

Step 1
鯛魚放入電鍋中蒸至熟透，取出放入研磨器中，充分壓碎成泥狀。

Step 2
將鯛魚與高湯一起放入小鍋中，拌勻後以小火煮滾，分次少量淋入太白粉水，勾芡至稍呈濃稠狀即成。

MEMO　首次餵寶寶吃魚時，只能先試1小匙的量，若沒有過敏反應，以後就可以漸次增加份量。

茄汁白肉魚糊

材料
番茄‧‧‧‧20公克
白肉魚‧‧‧‧30公克
蔬菜高湯‧‧‧‧4大匙

Step 1
白肉魚放入電鍋中蒸至熟透，取出放入研磨器中，充分壓碎成泥狀。

Step 2
番茄洗淨，放入滾水中燙熟，撈出瀝乾水分，去皮後放入研磨器中搗成碎泥。

Step 3
將白肉魚、番茄與高湯一起放入小鍋中，拌勻後以小火煮滾即成。

MEMO　魚肉也可從大人的料理中擷取少量，但須先以開水沖洗去除過多的油分與鹽分，才可以讓寶寶食用。

MEMO 蔬菜亦可取用熬煮蔬菜高湯所用的材料磨成泥，即可免去各種材料小量製作的麻煩。

豆腐蔬菜泥

材料
豆腐‥‥20公克　　綠花椰菜‥2小朵
馬鈴薯‥‥20公克　　高湯‥‥6大匙
南瓜‥‥30公克

Step 1
豆腐放入研磨器中磨成泥狀。

Step 2
綠花椰菜洗淨，放入滾水中燙熟，撈出瀝乾，剪取尖端綠色部分，放入研磨器中充分壓碎。

Step 3
馬鈴薯、南瓜洗淨去皮後，放入電鍋中蒸至熟透，取出放入研磨器中，充分壓碎成泥狀。

Step 4
將所有材料與高湯一起放入小鍋中，拌勻後以小火煮滾即成。

MEMO 雞肝必須充分煮熟後才容易磨碎，同時能將雞肝中的血水煮掉以減少腥味。

肝醬洋芋泥

材料
雞肝‥‥30公克
馬鈴薯‥‥40公克
蔬菜高湯‥3大匙

Step 1
雞肝洗淨，放入滾水中燙至熟透，撈出瀝乾水分，切碎後放入研磨器中搗成泥狀。

Step 2
馬鈴薯洗淨去皮後，放入電鍋中蒸熟，取出放入研磨器中，充分壓碎成泥狀。

Step 3
將所有材料與高湯一起放入小鍋中，拌勻後以小火煮滾即成。

蔬菜茶碗蒸

材料
蛋黃‥‥1個
胡蘿蔔‥‥40公克
菠菜葉‥‥20公克
柴魚高湯‥‥2大匙

Step 1
胡蘿蔔洗淨去皮，放入電鍋蒸至熟透，取出放入研磨器中，充分壓碎成泥狀。

Step 2
菠菜葉洗淨後，放入滾水中汆燙至熟透，瀝乾水分，放入研磨器中磨成泥狀。

Step 3
蛋黃打入小碗中攪勻，加入柴魚高湯拌勻，加蓋放入電鍋中蒸熟後，取出加入磨好的胡蘿蔔泥與菠菜泥即成。

MEMO　葉菜類不容易磨成泥，也可準備專門用的熟食砧板與刀具，燙熟後直接剁成泥，更為方便。

高麗菜濃湯

材料
高麗菜葉‥‥40公克
胡蘿蔔‥‥40公克
蔬菜高湯‥‥5大匙
太白粉水‥‥少許

Step 1
高麗菜葉洗淨，放入滾水中汆燙至熟透，瀝乾水分，放入研磨器中磨成泥狀。

Step 2
胡蘿蔔洗淨去皮，放入電鍋中蒸至熟透，取出放入研磨器中，充分壓碎成泥狀。

Step 3
將高麗菜葉與高湯一起放入小鍋中，拌勻後以小火煮滾，分次少量淋入太白粉水，勾芡至稍呈濃稠狀，加入胡蘿蔔泥即成。

MEMO　以太白粉水勾芡增加濃稠度，可延長食物（尤其是湯汁）在消化道停留的時間，以增加吸收率。

MEMO　　南瓜也可換成胡蘿蔔，一樣具有甜味且營養價值高，都很適合搭配水果。

南瓜水果糊

材 料
南瓜‧‧‧‧40公克
蘋果‧‧‧‧40公克
哈密瓜‧‧‧‧40公克

Step 1
南瓜洗淨去皮後切塊，放入電鍋蒸熟。

Step 2
蘋果和哈密瓜洗淨後去皮、切小塊，放入果汁機中，加入蒸熟的南瓜與少許冷開水，一起攪打成糊狀即成。

MEMO　　蘋果磨成泥後如果沒有馬上食用，容易變色且產生澀味，可在磨的時候加1、2滴檸檬汁，即可減緩變色的速度。

胡蘿蔔蘋果泥

材 料
胡蘿蔔‧‧‧‧60公克　　太白粉水‧‧‧‧少許
蘋果‧‧‧‧40公克
蔬菜高湯‧‧‧‧4大匙

Step 1
胡蘿蔔洗淨去皮，放入電鍋中蒸至熟透，取出放入研磨器中，充分壓碎成泥狀。

Step 2
蘋果洗淨去皮，放入研磨器中磨成泥狀。

Step 3
將胡蘿蔔與高湯一起放入小鍋中，拌勻後以小火煮滾，分次少量淋入太白粉水，勾芡至稍呈濃稠狀，最後加入蘋果泥即成。

綠花椰高麗菜泥

材 料
綠花椰菜‥‥40公克
高麗菜葉‥‥30公克
蔬菜高湯‥‥適量

Step 1
將綠花椰菜和高麗菜葉洗淨，放入適量
煮滾的蔬菜高湯中，以小火煮至熟透。
Step 2
取煮熟的綠花椰菜，剪取尖端綠色部分，
再放入研磨器中磨成更小的碎顆粒。
Step 3
取煮熟的高麗菜葉，以乾淨燙過的剪刀剪
碎，放入研磨器中磨成泥狀，放入碗中加
入綠花椰菜和少許高湯調勻即成。

MEMO　高麗菜葉最好先將硬梗的部分剪掉再磨，否則不容
易磨細。綠花椰菜煮得越熟越容易磨碎，但要注意
不要過分軟爛。

蘋果醬

材 料
蘋果‥‥1/4個
檸檬汁‥‥1/2小匙
柳橙汁‥‥3大匙

Step 1
蘋果洗淨去皮，放入研磨器中磨成泥狀。
Step 2
將所有材料放入小型的金屬盆中，拌勻後
以小火煮滾，轉最小火續煮1分鐘即成。

MEMO　如果不煮而是直接拌勻，可當水果泥食用；煮過的
蘋果醬可以保存較長的時間，可直接食用也可作為
調味醬或抹醬。

番薯柳橙濃湯

材料
番薯‧‧‧‧50公克
柳橙汁‧‧‧‧6大匙

Step 1
番薯洗淨去皮後，放入電鍋中蒸至熟透，取出放入研磨器中，充分壓碎成泥狀。
Step 2
將番薯泥放入小碗，加柳橙汁調勻即成。

MEMO　柳橙汁的份量可依照寶寶喜歡的濃稠度調整，但在第一階段不要給予太濃稠的番薯濃湯或番薯泥。

水果優格

材料
無糖優格‧‧‧‧4大匙
哈密瓜‧‧‧‧40公克

Step 1
哈密瓜洗淨去皮，以研磨器研磨成泥狀。
Step 2
優格放入小碗中，淋上磨好的哈密瓜泥，食用時拌勻即可。

MEMO　哈密瓜可換成其他水果，但因優格已具有酸味，所以適合搭配甜味高一點的水果。

「吃得到處都是」的好對策

副食品和清理工作可說密不可分，寶寶常會吃得到處都是。
雖然在練習階段在所難免，但對媽媽來說倒是有點困擾。
這裡收集了一些媽媽們的經驗談，提供給新手爸媽作為參考。

1 把不穿的T恤剪開，當作寶寶的圍兜

儘管手邊準備了好幾件寶寶專用的圍兜，但是換洗之間仍常會不敷使用，所以可以將已經不穿準備要丟掉的T恤剪開來，當作寶寶的進食圍兜。因為T恤是大人的尺寸，剪開後能完全蓋住寶寶的衣服，使用時只要在衣領的裁開處，用洗衣夾固定就行了。寶寶吃完之後，還能用T恤擦除掉落在桌上的殘屑與湯汁，然後直接丟入垃圾桶！還能穿的T恤直接丟棄會有罪惡感，但不穿的衣服使用至此應該夠本了吧！如果還嫌可惜，那就清洗後重複使用囉！

2 將購物袋剪出手腳的穿出孔，變成圍兜

布面的圍兜需要很勤快的換洗，否則容易留下洗不掉的黃漬，費時費力，遇到雨天，往往沒有乾淨的圍兜可替換。因此我開始將多餘的塑膠袋當作圍兜充分運用。只要將大型塑膠袋剪出寶寶穿出頭和手腳的洞，再套到寶寶身上就行了，不但不會弄髒衣服，用完還可以直接丟掉。儘管讓寶寶圍著看起來不雅，但只在家裡使用，所以也就無謂了。

3 衣服上以雙面膠貼上餐巾紙，再圍上圍兜

寶寶滴落的食物，不但會弄髒圍兜，常常還會因為沾有湯汁連帶弄髒衣服，讓人不勝其擾。因此，在餵食副食品之前，我都先用雙面膠在寶寶衣服上貼上較厚的餐巾紙，上面再圍上寶寶圍兜，當寶寶從口中溢出湯、飲料或吐出食物時，餐巾紙便能立即吸掉水分，湯汁比較不會滲透而弄髒衣服。

4 廣告傳單當餐巾鋪在桌上，使用後直接丟掉

我會將不要的廣告傳單攤開，讓寶寶在上面吃副食品，這樣掉落的食物，就可連傳單紙一起丟入垃圾桶，不必再另外處理桌面或地板。當廣告傳單不夠用的時候，也可以撕開已經不要的雜誌，一樣當成餐巾鋪在桌上。雖然看起來並不雅觀，但是這個方法不但能善用無用武之地的廣告單，又不會弄髒桌子，非常方便。

5 鋪上塑膠袋，就能接住掉到地上的食物

清理寶寶進食之後的地板是件很麻煩的工作，因為掉落的食物往往帶有黏液或是湯汁，還得費力地擦拭。為解決麻煩，

·寶貝姓名·
陳宣頤
·生　　日·
2005年7月29日
·拍攝日期·
2006年3月9日

妹妹第一次吃豆腐，不但搞得滿嘴豆腐渣，還霸氣地把腳
抬在餐桌上，像是在說：我是大王！拿好吃的過來！

可將大容量的垃圾袋攤平鋪在寶寶吃飯的椅子下面，再讓寶寶自己吃副食品。這樣即使孩子邊吃邊掉落食物，或是從嘴裡溢出汁液到地板上也無所謂。寶寶吃完之後，移開寶寶和餐椅，並且小心不要弄掉垃圾袋上的食物殘渣，迅速將垃圾袋正反翻面，就能直接當作一般垃圾袋使用，殘渣也就順勢裝在垃圾袋內了，一點也不麻煩。

6　一掉落食物立刻處理，就不會一塌糊塗了

在餵食寶寶的時候，手邊最好會準備一條小毛巾，當寶寶從口中溢出食物時，就立刻擦掉；如果有掉落的食物也要馬上撿拾起來並擦拭乾淨。這招說普通還真普通，但真的是很管用，絕對可以避免寶寶吃完時一塌糊塗的狀態。

7　善用附吸盤的餐具與托盤，減輕清潔工作

不妨使用底部有附吸盤的副食品餐具，用吸盤固定在桌子上，就不必擔心寶寶會打翻食器，食物灑得滿地，而且即使寶寶仍吃得到處都是，但總比副食品全都浪費掉好。另外，還可以準備一個大的塑膠托盤，把副食品餐碗放在上面，讓寶寶食用。即使寶寶打翻碗盤，因為是在大托盤上，桌子幾乎都不會弄髒。可以選擇上面有寶寶喜歡的卡通人物的托盤，吸引他「和米老鼠一起用餐」，他一定會很高興，而願意乖乖地用餐。

8　盛盤時多花點工夫，讓寶寶願意吃飯

有的寶寶喜歡任意抓起食物，隨意亂丟，弄得四周一塌糊塗，無論怎麼做都無法阻止。這時可將軟飯或麵包塑成動物的造型，然後編個恰當的故事，例如「狗狗跑到你的嘴巴裡囉」。這麼一來，寶寶隨便抓起食物亂扔的情形就改善了。如果他想亂扔，便說「狗狗好可憐喲」，寶寶似乎也投入了感情，就不再亂丟了。

9　用玩具餐具讓寶寶一面玩一面用餐

如果碰到寶寶自己還不會吃、卻很想自己拿湯匙或餐具，很可能會使食物灑得到處都是，甚至常打翻食物。其實不妨幫寶寶準備玩具餐具，例如空容器或備用湯匙，一面讓他玩一面餵他，這麼一來，食物一送入口中，他就快樂地吞下了。

第2階段

練習用舌頭和下顎咀嚼的階段

寶貝姓名：林雨融
生　　日：2005年9月3日
拍攝日期：2006年3月26日

寶寶米餅是長牙時期最好的磨牙食品，而且真的好好吃唷！

月齡 7-8個月

開始餵食的標準
寶寶會閉起上下唇，能順利吞下黏糊糊的食物時。

---

① 食物的硬度大約是用舌頭能壓碎

副食品第二階段的食物硬度標準，大概像豆腐和茶碗蒸那樣的程度。這個階段寶寶是用舌頭壓碎食物，若食物有形狀，寶寶就很難用舌頭和上顎輕鬆壓碎。雖然這時已經不必用網篩將食物濾成泥，可是為了有滑嫩的口感，可以考慮用少許太白粉或玉米粉勾芡，讓食物變得滑潤黏稠，不但口感滑順，寶寶也更容易吞嚥。餵食的次數以一天兩次為標準，時間並沒有硬性規定，但多數的媽媽會選在上午十點和下午兩點左右。一旦寶寶每天吃兩次副食品，配方奶的量就要減少。但這時期寶寶營養的主要來源還是母乳和配方奶，所以副食品後若寶寶仍想喝奶，還是要讓他喝。

② 餵食份量慢慢增加，但不要勉強寶寶食用

寶寶到了7～8個月大時，食量可能會變小，或者有時吃、有時不吃，變得很不穩定。媽媽對於寶寶食量突然變小，都會感到擔心，但是如果寶寶精神或情緒都很好，就不必在意。這時寶寶已經能翻身或坐著，視野變得更寬廣，開始對食物以外的事物感到興趣，有時會無法專心吃飯。餵寶寶吃飯時，記得要關掉電視，但別勉強他吃，媽媽可以一邊和他說話一邊讓他愉快地用餐。此外，每個寶寶的食量互有差異，讓寶寶以自己的步調循序漸進。

副食品的餵食參考

種類			第二階段
月齡			7～8個月
次數	副食品		2次
	母乳　配方奶		3次
料理形態			用舌頭能壓碎
一次大約的分量	I	穀類	7倍稀飯50～80公克
	II	蛋 或豆腐 或乳製品 或魚肉 或肉類	蛋黃1個～全蛋1/2個 40～50公克 85～100公克 13～15公克 10～15公克
	III	蔬菜　水果	25公克
	烹調用油脂類　砂糖		各2～2.5公克

可以餵食的食物

碳水化合物

米飯（7倍稀飯）

通心麵、義大利麵

玉米片

麥片

蛋白質

全蛋

雞胸肉

鮪魚（水煮罐頭）

肝臟類

鮭魚

蔬菜

甜椒

蘆筍

花椰菜

海帶芽

蔥

第二階段食譜搭配範例

碳水化合物＋蛋白質

蔬菜雞肉麵（P.38）

＋

維生素

芡汁冬瓜（P.45）

碳水化合物

豆腐焗通心麵（P.37）

＋

蛋白質＋維生素

番茄拌鱈魚（P.39）

碳水化合物

南瓜麥片粥（P.36）

＋

蛋白質＋維生素

蔬菜豆腐（P.40）

3　調整成適當的硬度，太軟或太硬都不恰當

餵食時，請注意觀察寶寶嘴巴的動作，如果沒有咀嚼就吞嚥，就要再次檢視副食品的硬度。若食物像第一階段那樣太軟了，寶寶不嚼就會直接吞下；相反地如果太硬，寶寶無法用舌頭壓碎，他也不會嚼就直接整顆吞下。這時期副食品的硬度很微妙，和其他時期比起來或許較難掌握，大致上是像豆腐或茶碗蒸那樣的軟硬度，媽媽能用手指輕鬆壓碎，或像南瓜和馬鈴薯快要煮散前的硬度。媽媽可以將自製的副食品和適合第二階段食用的市售嬰兒食品做比較，也是掌握軟硬度的一個方法。

4　考慮營養均衡來加以變化

這時期的寶寶主要的營養來源還是母乳和配方奶，但可以慢慢增加副食品的比例，並逐漸充實一天兩次餐點的內容。
一次餐點中，應均衡涵括碳水化合物（身體活動的熱量來源）、蛋白質（能生成血液和肌肉），以及維生素和礦物質（平衡身體狀況）這三種營養素。稀飯中，最好能混入蔬菜或蛋煮成雜燴粥，營養會更均衡，因為一鍋就能完成，媽媽料理起來或許也比較輕鬆。但是設計菜單時，主食和副食最好慢慢區分開來。儘管不需要每次都謹慎考慮，但最理想的狀況是在一天之中，能均衡攝取到這三種營養。

5　味道要清淡，調味料只加極少量

這時期的副食品，基本上味道還是要清淡。蔬菜、肉類等天然食物本身已含有微量的鹽和糖分，因為食材本身就很美味，所以儘量不要用調味料，若要加的話，最多只加入能增加香味和風味的極少量。即使只加很少的量，食物的味道就有變化。
如果讓寶寶吃過一次大人的重口味餐點，那麼這種清淡的食物就無法滿足他，他會變得不太愛吃。為避免將來罹患文明病，從現在起就讓寶寶習慣清淡的飲食。在剛製作副食品時，若能用心讓大人的餐點也變得清淡，對家人的健康會更有益。

玉米片牛奶粥

材料
無糖玉米片‧‧‧‧4大匙
牛奶‧‧‧‧5大匙
高麗菜葉‧‧‧‧20公克

Step 1
高麗菜葉洗淨後，放入滾水中汆燙至熟
透，瀝乾水分，放入研磨器中磨成泥狀。
Step 2
牛奶加熱至溫熱。
Step 3
無糖玉米片放入小塑膠袋中捏碎成小碎
片，倒入大碗中，倒入溫熱的牛奶，加入
高麗菜葉拌勻即成。

MEMO　玉米片必須充分吸收牛奶軟化後才可給寶寶食用，
也可以選擇麥粉取代玉米片，但牛奶份量需依照麥
粉的沖泡比例調整。

南瓜麥片粥

材料
大燕麥片‧‧‧‧2大匙
蔬菜高湯‧‧‧‧1/3杯
南瓜‧‧‧‧50公克

Step 1
南瓜洗淨去皮後，放入電鍋中蒸至熟透，
取出放入研磨器中充分壓碎成泥狀。
Step 2
將大燕麥片和蔬菜高湯一起放入鍋中，以
小火煮至麥片充分軟爛，盛入小碗中加入
南瓜泥即成。

MEMO　大燕麥片的口味較清爽簡單，很適合剛開始接觸食
物的寶寶，但需要充分煮爛，才不致造成寶寶吞嚥
和消化上的困難。

香蕉牛奶稀飯

材料
稀飯‧‧‧‧80公克
牛奶‧‧‧‧3大匙
香蕉‧‧‧‧1/4根

Step 1
稀飯放入小鍋中，以小火燒熱，倒入牛奶
續煮約1分鐘並稍微攪拌，盛入小碗中。

Step 2
香蕉去皮，放入研磨器中磨成泥狀，加入
準備好的稀飯中即成。

MEMO　如果遇到小寶寶厭奶的時候，不妨將用母乳或配方
奶加在副食品裡，增添營養。

豆腐焗通心麵

材料	番茄泥‧‧‧‧1大匙
通心麵‧‧‧‧1大匙	蔬菜高湯‧‧‧‧2大匙
豆腐‧‧‧‧30公克	披薩起司‧‧‧‧少許
馬鈴薯泥‧‧‧‧1大匙	起司粉‧‧‧‧少許

Step 1
通心麵放入滾水中，以中小火煮至中心完
全熟透後撈出，以乾淨燙過的剪刀剪碎。

Step 2
豆腐以冷開水沖淨後，放入研磨器中磨成
泥狀。

Step 3
將通心麵、豆腐、馬鈴薯泥、番茄泥與蔬
菜高湯一起放入小烤碗中拌勻，撒上披薩
起司，放入預熱至200℃的烤箱中，烘烤
至頂端的起司完全融化且略呈金黃色，取
出撒上起司粉即成。

MEMO　起司粉的味道較濃厚，如果寶寶不習慣亦可不添
加。披薩起司在冷卻後會變硬，需注意最好在溫熱
的時候讓寶寶食用，且每口不要給予太多，以免不
好吞嚥。

義大利麵濃湯

材料
義大利麵····20公克
綠花椰菜····20公克
胡蘿蔔····40公克

Step 1
義大利麵放入滾水中，以中小火煮至完全
熟透後撈出，以乾淨燙過的剪刀剪碎。

Step 2
綠花椰菜洗淨，放入滾水中汆燙至熟透，
撈出以剪刀剪碎，再放入研磨器中磨成更
小的碎顆粒。

Step 3
胡蘿蔔洗淨去皮後，放入電鍋中蒸至熟
透，取出放入研磨器中壓碎成泥狀。

Step 4
將所有材料放入鍋中，以小火煮開即成。

MEMO 義大利麵的營養比白麵條高，但口感卻比較硬，一
定要完全煮至熟透，對寶寶來說才好消化，可以參
照包裝上的烹煮時間再多煮約2分鐘左右。

蔬菜雞肉麵

材料
細白麵條··20公克　　雞肉····30公克
胡蘿蔔····30公克　　熟蛋黃末····1小匙
白蘿蔔····30公克
柴魚高湯····1/4杯

Step 1
細白麵條放入滾水中，以中小火煮至完全
熟透後撈出，以乾淨燙過的剪刀剪碎。

Step 2
胡蘿蔔與白蘿蔔均洗淨、去皮，切成小碎
丁；雞肉洗淨切碎。

Step 3
高湯倒入鍋中，加入胡蘿蔔、白蘿蔔與雞
肉，以小火煮至熟透，再加入麵條煮勻，
最後撒上熟蛋黃末即成。

MEMO 蘿蔔需要花點時間才能煮軟，不過這樣可以將天然
的甜味逼出來，增添風味；也可以利用微波爐節省
時間。

MEMO　番茄醬的鹹味較重，為了減少小寶寶的負擔，建議以新鮮的番茄煮熟去皮後切碎或磨碎，當作番茄醬使用。

番茄拌鱈魚

材料
鱈魚‥‥40公克
番茄泥‥‥1大匙
柴魚高湯‥‥2大匙
太白粉水‥‥1/2大匙

Step 1
鱈魚洗淨，放入滾水中汆燙至熟透，撈出稍微放涼後，以湯匙壓碎。

Step 2
將壓碎的鱈魚與高湯一起放入鍋中，以小火煮開，慢慢淋入太白粉水煮至稍微濃稠，最後加入番茄泥即成。

MEMO　鮪魚是很方便的副食品材料，市面上有許多種類的罐頭鮪魚可以選擇，建議挑選水煮且無鹽的種類，比較適合小寶寶食用。

鮪魚馬鈴薯泥

材料
馬鈴薯‥‥100公克
無鹽鮪魚‥‥1大匙
熟蛋黃末‥‥1小匙

Step 1
馬鈴薯洗淨，放入滾水中燙煮至熟透，取出，去皮後壓成泥。

Step 2
將無鹽鮪魚與馬鈴薯一起放入碗中拌勻，再撒上熟蛋黃末即成。

蔬菜豆腐

材料
嫩豆腐‧‧‧‧40公克
綠花椰菜‧‧‧‧20公克
番茄‧‧‧‧30公克
無糖優格‧‧‧‧2大匙

Step 1
嫩豆腐以冷開水洗淨，切成小丁。
Step 2
綠花椰菜洗淨，剪取尖端綠色花蕊，放入
滾水中燙至熟軟，撈出瀝乾水分。
Step 3
番茄洗淨，放入滾水中略燙，撈出瀝乾後
去皮、切碎。
Step 4
將所有材料一起拌勻即成。

MEMO　豆腐的蛋白質含量高，且質地細軟容易消化，尤其
適合用於訓練寶寶的吞嚥動作，即使形狀大一點點
也不容易有噎到的危險。

雞肉燴南瓜

材料
雞肉‧‧‧‧25公克
南瓜‧‧‧‧50公克
小魚乾高湯‧‧‧‧1/4杯
太白粉水‧‧‧‧1大匙

Step 1
雞肉洗淨，切碎。
Step 2
南瓜洗淨，去皮後切成小丁。
Step 3
雞肉、南瓜與高湯一起放入鍋中，以小火
煮至熟軟，最後慢慢淋入太白粉水，勾芡
至稍微濃稠即成。

MEMO　南瓜是營養價值不錯、具有天然甜味且可以煮得很
軟的食材，對寶寶來說是很好的副食品，製作時請
選取較靠近外皮的部分，纖維較細緻。

MEMO　馬鈴薯會吸收許多水分，在攪拌時可以視情況調整高湯的份量，使丸子軟而不黏才剛好。

雞肉馬鈴薯丸

材料
雞肉‧‧‧‧25公克　　柴魚高湯‧‧1大匙
馬鈴薯‧‧‧‧80公克　　番茄醬‧‧‧‧少許
嫩豆腐‧‧‧‧50公克
熟胡蘿蔔泥‧‧‧‧‧1大匙

Step 1
馬鈴薯洗淨，放入滾水中燙煮至熟透，取出，去皮後壓成泥。

Step 2
雞肉洗淨，放入滾水中燙熟，撈出瀝乾水分後切碎。

Step 3
嫩豆腐以冷開水洗淨，瀝乾水分後放入碗中，加入雞肉、馬鈴薯、熟胡蘿蔔泥和柴魚高湯一起攪拌均勻，捏成小圓球，淋上番茄醬即成。

雞肉青江菜

材料
雞肉‧‧‧‧25公克　　蔬菜高湯‧‧‧‧2大匙
青江菜‧‧‧‧20公克　　鳳梨汁‧‧‧‧1大匙
鳳梨‧‧‧‧20公克

Step 1
雞肉洗淨，放入滾水中燙熟，撈出瀝乾水分後切碎。

Step 2
青江菜洗淨，放入滾水中汆燙，撈出瀝乾水分後切碎。

Step 3
鳳梨洗淨、切碎，與其他材料一起放入鍋中，以小火煮至湯汁略收乾即成。

MEMO　大部分的寶寶不喜歡葉菜類食材特有的澀味，尤其在切碎之後味道會更加明顯，所以要先汆燙一下以去除澀味。

副食品 第 **2** 階段

豆腐炒蛋

材料
嫩豆腐‥‥50公克
蛋黃‥‥1個

Step 1
嫩豆腐以冷開水洗淨，切成小丁。
Step 2
蛋黃放入碗中攪散，再放入嫩豆腐拌勻。
Step 3
鍋中倒入1小匙油燒熱，放入作法2，以中火炒至熟透即成。

MEMO　寶寶的食物雖然不能太油膩，但最好也不要完全無油；如果寶寶並沒有發生腸胃不適應的情形，可以偶爾選擇以少量油炒蛋或蔬菜，變化口感與味道。

蛋炒魩仔魚四季豆

材料
魩仔魚‥‥1大匙
四季豆‥‥5支
蛋黃‥‥1個
柴魚高湯‥‥1大匙

Step 1
魩仔魚放入濾網中沖洗乾淨，瀝乾後稍微切碎；四季豆撕除老筋，洗淨後切碎。
Step 2
蛋黃放入碗中攪散，再放入魩仔魚、四季豆拌勻。
Step 3
鍋中倒入1小匙油燒熱，放入作法2，以中火炒至熟透，再加入高湯煮至湯汁略收乾即成。

MEMO　四季豆要挑選細嫩一點的，口感才不會太硬，也可以先汆燙過再切碎下鍋炒，就能確保不會傷小寶寶的腸胃。

MEMO　這道點心適合搭配牛奶或其他飲料一起食用，也可不經過烘烤直接食用，但烤過香味較佳。

烤南瓜球

材料
南瓜‧‧‧‧100公克
玉米片‧‧‧‧1大匙
柳橙汁‧‧‧‧3大匙

Step 1
南瓜洗淨去皮後，放入電鍋中蒸熟，取出以湯匙壓成泥。

Step 2
玉米片放入塑膠袋中壓碎成粉末狀，倒入南瓜泥中，再加入柳橙汁一起拌勻，分成適當大小後捏成圓餅狀。

Step 3
將作法3放入烤盤中，移入預熱的烤箱，以180℃烘烤10分鐘，至表面乾燥即成。

MEMO　豌豆仁的外皮不容易消化，所以需要去除外皮才能給寶寶食用，只要煮得熟軟一點再稍微用力搓洗幾下，外皮就會脫落。

綠豌豆煮魩仔魚

材料
豌豆仁‧‧‧‧2大匙　　太白粉水‧‧‧‧1大匙
魩仔魚‧‧‧‧1大匙
蔬菜高湯‧‧1/4杯

Step 1
豌豆仁洗淨，放入滾水中汆燙至熟透，取出泡入冷水中搓去外皮，撈出瀝乾水分，切碎。

Step 2
魩仔魚放入濾網中沖洗乾淨，瀝乾後稍微切碎。

Step 3
豌豆仁、魩仔魚和高湯一起放入鍋中，以小火煮至熟軟，分次加入太白粉水，勾芡至稍微濃稠即成。

茄汁茄子

材 料
茄子‧‧‧‧50公克
番茄‧‧‧‧40公克
蔬菜高湯‧‧‧‧5大匙

Step 1
茄子洗淨，切小丁；番茄洗淨，放入滾水
中汆燙，撈出去皮後切碎。

Step 2
茄子、番茄與高湯一起放入鍋中，以小火
煮至熟軟即成。

MEMO　　茄子切開之後會變色，尤其切成小丁後會更快變
黑，可以稍微泡一下水，或是切好後立即下鍋煮。

馬鈴薯丸

材 料
馬鈴薯‧‧‧‧100公克
牛奶‧‧‧‧3大匙
海苔粉‧‧‧‧少許

Step 1
馬鈴薯洗淨，放入滾水中煮至熟透，撈出
瀝乾後去皮，以湯匙壓成泥。

Step 2
將牛奶加入馬鈴薯泥中拌勻，分別取適量
搓成小圓條，撒上海苔粉即成。

MEMO　　搓成小圓條或其他形狀，在外觀上比較能吸引小寶
寶，也可以直接以小湯匙舀起餵寶寶吃。

MEMO　魚肉燉蘿蔔泥在夏天食用具有開胃消暑的效果；年節前後白蘿蔔盛產時，風味則較佳。

魚肉燉蘿蔔泥

材料

白肉魚····40公克	太白粉水····1大匙
白蘿蔔····40公克	海苔粉····少許
柴魚高湯····3大匙	

Step 1
白肉魚洗淨，放入滾水中汆燙至熟，撈出瀝乾水分後壓碎。

Step 2
白蘿蔔洗淨，去皮後研磨成泥。

Step 3
白肉魚、白蘿蔔泥和高湯一起放入鍋中，以小火煮至湯汁略收乾，分次加入太白粉水勾芡至稍微濃稠，撒上海苔粉即成。

MEMO　淋入蛋黃時，火要小並快速攪拌，盡量讓蛋黃融入湯汁中，避免產生較大片的蛋花，寶寶會比較容易吞嚥。

芡汁冬瓜

材料

冬瓜····50公克	蛋黃····1/2個
甜椒····15公克	太白粉水····1大匙
蔬菜高湯····4大匙	

Step 1
冬瓜洗淨去皮後切小塊；甜椒洗淨，去蒂及籽後切碎。

Step 2
將冬瓜、甜椒與高湯放入鍋中，以小火煮至完全熟軟，淋入蛋黃快速拌勻，再分次加入太白粉水，勾芡至稍微濃稠即成。

「讓寶寶不挑食」的好方法

在餵食副食品時，寶寶對食物的喜好常令媽媽頭疼不已。
不妨參考其他媽媽們讓寶寶吃下討厭食物的巧思和技巧，
以便做多方的嘗試！

1 磨碎或磨泥混入稀飯裡

對寶寶來說，他們較討厭吃乾乾澀澀的食物，並非嫌惡味道，而是因為口感不好，例如雞肉。雖然雞肉不是非吃不可的食物，從白肉魚等食物中也能攝取到蛋白質，但是仍然希望儘量讓寶寶願意吃雞肉。這時可在冷凍雞肉泥中加入寶寶用的白醬，或混入原味優格，讓肉類變成泥狀，有較滑順的口感；也可以少量混入他喜歡的食物中，寶寶就願意吃了。

2 討厭的食物調拌香蕉後，寶寶也愛吃了

我家寶寶不吃蔬菜、不吃肉類，單純只喜歡吃稀飯和水果，讓我傷透腦筋。我揣測是否硬度和大小有問題，做了許多變化與嘗試後，寶寶仍然不吃。他只喜愛香蕉這樣水果，其他的料理都興趣缺缺，無論如何就是不吃。於是我想「他既然這麼喜歡香蕉，我就在蔬菜上放香蕉試看吧！」我把香蕉放在燉蔬菜上，沒想到這麼一來，寶寶竟然很喜歡吃。或許是香蕉的甜味和黏稠口感，中和了蔬菜的青澀味吧！

3 加點咖哩粉或奶油香，寶寶就喜歡吃了

我不是很會做菜，經常都做相同的料理。或許寶寶也吃膩了吧，常常吃一半就開始玩，剩下的量也變多了。某次我在吃咖哩，寶寶靠過來，一副很想吃的樣子，我便在他的稀飯裡沾了一點點咖哩汁，只是多了一點咖哩香而已，如此一來寶寶竟然吃得精光，而且還想再吃，令我感到十分驚訝。後來我還發現他也很喜歡奶油的香味，他不太愛吃的水煮菠菜，

我加了一點奶油後，他一下子就吃光了。我只在常吃的菜色中，加很少的量來變換風味，寶寶就變得喜愛吃了。

4 加極少量砂糖，減輕蔬菜的青澀味

我家寶寶不喜歡青椒或菠菜等深綠色蔬菜特有的青澀味，即使拌入稀飯裡也會吐出來。母親教我一個小技巧，就是在煮蔬菜時加一小撮砂糖，這樣就能中和青菜的青澀味和苦味。因為是寶寶要吃的餐點，所以我只加很少的量，但他就不再像以前那樣討厭那些蔬菜了，不必混合其他食物也願意吃。加糖後的蔬菜我自己也嘗過，菜裡僅有微微的甜味，似乎稍微中和了菜的苦澀味，這應該是寶寶肯接受的原因。家中若有不愛吃青菜的寶寶，不妨試試這個辦法。

5 混在馬鈴薯中，揉成球狀

肝臟類或蔬菜都是寶寶應該攝取的食物，但是寶寶就是不喜歡，我都是將它們混入馬鈴薯泥中，再揉成球狀，沒想到寶寶就變得很喜歡吃了。我常在薯泥球上畫些可愛的動物，例如小豬或貓咪的圖樣，寶寶看了會很高興，心情一好，他就能自己快快樂樂地吃飯，還會邊吃邊笑呢。馬鈴薯泥可冷凍保存，只要取出要用的份量解凍加熱，混合嬰兒食品的蔬菜、雞肝，甚至碎蛋黃、豆腐後揉成球形，簡單就完成了，不但營養充足，寶寶也會吃得津津有味呢。

·寶貝姓名·
鄭守倫
·生　日·
2005年7月1日
·拍攝日期·
2006年3月5日

第一次吃米餅，好奇特唭！

6　怎麼都不肯吃時，最後的法寶是美奶滋

儘管我本身也很喜歡美奶滋，但寶寶卻出奇地愛吃，美奶滋已經成為讓寶寶吃東西的法寶了。不過美奶滋含大量油脂，我並不想讓寶寶太常吃，所以只有在寶寶無論如何都不肯吃魚或蔬菜的時候，我才會偶爾加點美奶滋。我會在美奶滋中拌入原味優格，或是用牛奶稀釋之後再給寶寶吃。只要加一點點美奶滋，他就吃得津津有味，重點是寶寶願意吃下有營養的魚或蔬菜了。

7　排放些絨毛玩具，營造歡樂的用餐氣氛

我家寶寶以前每到吃副食品時間，怎麼也坐不住，於是我將他喜歡的絨毛布偶排放在餐桌旁，試著引誘他「大家一起來吃飯」。剛開始寶寶還是想要玩，不太願意吃，但漸漸地每到吃飯時間，他都會主動拿玩具放到餐桌四周。這招讓玩具一起坐好的策略，算是非常成功。另外，對於寶寶不愛吃的食物，我會先假裝餵他最愛的絨毛兔一口，然後對寶寶說「小兔兔都吃了唭，你也吃一口吧！」邊說邊將湯匙伸向寶寶，他終於勉強願意吃了。雖然這是哄騙的方式，但還蠻管用的。

8　只吃一點點就極力讚美

我家是以讚美法來因應寶寶對食物的癖好。平時他會抗拒的食物，我都會不死心的一試再試，在他終於肯開口吃的時後，即使僅吃小小的一口，我們都會大大地讚美他「太棒了，寶寶好會吃喲！」，還會一邊笑著拍拍手，可能是寶寶感受到被讚美與鼓勵，就會努力將食物吃完，而且也變得很高興的樣子。

9　和爸爸打賭：寶寶今天會吃胡蘿蔔嗎？

我家寶寶對食物有許多癖好，尤其是胡蘿蔔他一口也不吃。剛開始我們常煩惱「如何才能讓他願意吃」，但是後來發現他除了胡蘿蔔以外，並沒有死也不肯吃的食物，於是我和寶寶的爸爸開始玩遊戲，「磨碎後他或許會吃？」「切小塊用焗烤方式烹調可能行得通？」……我們倆各自提出自己的意見，自己的方法由自己實驗，如果寶寶願意吃，對方就得輸100元。為了得到100元，他的爸爸也十分認真參與。不過，其實寶寶的喜好反覆無常，最好也別太鑽牛角尖。

10　看到和父母的餐點相同，就願意吃一點

寶寶平時不吃肉和胡蘿蔔，看到大人在吃時卻想要，於是，我花了點工夫，將他的食物外表做得和我們吃的一模一樣，再盛入相同的容器中。在很多副食品食譜書中，蜜煮胡蘿蔔通常是切小丁來煮，但我是將大人吃的蜜煮胡蘿蔔做成小一號，漢堡也不是做成圓形，而會做成一口大小的小橢圓形。看到寶寶一點一點慢慢地開始接受，我也感到十分快樂。與其說寶寶討厭某種食物的味道，我想或許是他認為自己吃的東西和別人不一樣吧！

第3階段

練習用牙床正式咀嚼期

寶貝姓名：徐韵雅
生　日：2001年12月31日
拍攝日期：2003年9月6日

這才是真正的食物嘛！別老是給我喝ㄋㄟㄋㄟ。

月齡
9-11個月
開始餵食的標準
寶寶用舌頭就能順利壓碎豆腐，
一次約可吃下兒童用碗
一碗的食物量時。

**1 不要著急，
讓寶寶循序漸進學習咀嚼**

寶寶的嘴巴已能充分蠕動咀嚼，一次也能吃下兒童用碗一碗的量時，就可以開始一天吃三次副食品了。大致是從九個月大時開始，但不需拘泥於月齡，可視情況來調整。寶寶一次若只能吃少量，縱使月齡增加，也暫時繼續吃兩次，重要的是，別增加次數或給他吃硬的食物。配合寶寶的狀況，讓他充分練習咀嚼才是重點。媽媽別心急，要視寶寶的情況循序漸進。從一天兩次進展到一天三次時，寶寶一次的食量或許會減少，是很自然的。一天的總量若達到寶寶目前應攝取的量時，就不必擔心。

2 慢慢地和大人進餐時間趨於一致

三次副食品的時間，儘量每次都間隔約3～4個小時。等寶寶習慣一天吃三餐後，可漸漸和大人在同樣的時間裡用餐。寶寶能和父母一起用餐，他也一定會很高興。但是，重要的是不要突然改

變他用餐的時間，寶寶的生活節奏一定要一點一點慢慢調整。第三次的副食品不要太晚，最遲在晚上八點以前一定要結束。若是從大人的餐點中分出寶寶的副食品，基本上味道仍要清淡。千萬不要直接就給寶寶吃大人的餐點，在加調味料之前就要舀出來，多花點工夫，讓寶寶吃沒有加調味料的部分。

副食品的餵食參考

種類			第三階段
月齡			9～11個月
次數	副食品		3次
	母乳　配方奶		2次
料理形態			可用牙床壓碎
一次大約的分量	I	穀類	5倍稀飯（90～100公克）～軟飯80公克
	II	蛋	全蛋1/2個
		或豆腐	50公克
		或乳製品	50公克
		或魚肉	15公克
		或肉類	18公克
	III	蔬菜　水果	30～40公克
烹調用油脂類　砂糖			各3公克

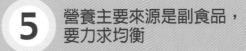

可以餵食的食物

碳水化合物	蛋白質	蔬菜

碳水化合物：米飯（5倍稀飯）、海綿蛋糕、麵包（土司）、鹹餅乾、麵類（長約1cm）

蛋白質：蛋、牡蠣、大豆製品、豬肉、秋刀魚、牛肉

蔬菜：蓮藕、菇類、牛蒡、竹筍

第三階段食譜搭配範例

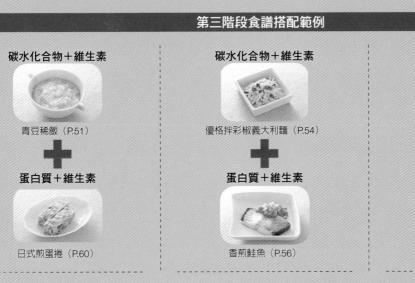

碳水化合物＋維生素

青豆稀飯（P.51）

＋

蛋白質＋維生素

日式煎蛋捲（P.60）

碳水化合物＋維生素

優格拌彩椒義大利麵（P.54）

＋

蛋白質＋維生素

香煎鮭魚（P.56）

碳水化合物

海帶芽稀飯（P.51）

＋

蛋白質＋維生素

魩仔魚拌青江菜（P.61）

3 難免會吃得一地，或浪費掉許多食物

寶寶觸碰食物或想自己吃飯，都證明他開始對吃飯感到興趣。雖然他會吃得滿地都是，但是寶寶對用餐產生興趣才是最重要的，請媽媽暫時守護在寶寶身邊，如果寶寶會弄得十分髒亂，或許可鋪塊塑膠墊或保潔墊，或做些方便用手抓食的餐點。

這時寶寶或許會出現挑食的現象，儘管他一次不吃，也別因此認定「這孩子討厭番茄」，不妨在烹調上花點心思。寶寶的食欲或許時好時壞，但是只要他精神很好，就不必擔心。

4 給太硬的食物練習咀嚼，反而適得其反

許多寶寶九個多月大之後，就開始長門牙了，這時候許多媽媽為了訓練寶寶的咀嚼力，會給他吃較硬的食物，但這樣反而適得其反。給寶寶超出他咀嚼能力範圍的食物時，他不是吐出來，就是不嚼而整個吞下去，這樣更無法練習咀嚼。寶寶能用牙齒咀嚼，大約要到一歲半長出臼齒之後。在此之前他只是用牙床咀嚼，以作為日後咀嚼的基礎。這時適合寶寶的食物硬度，大約是媽媽用手指稍微用力就能壓碎的程度。食物若切得太大，寶寶也無法用牙床壓碎，大約要切成5～7mm正方的小丁。

5 營養主要來源是副食品，要力求均衡

這個階段主要營養來源大半來自副食品，所以這時起要開始留意營養是否均衡。主食選擇米飯、麵包等碳水化合物，主菜有魚、肉、蛋等蛋白質，副菜有蔬菜和水果等富含維生素的食物，用這樣的思考來擬定菜單。每次都均衡攝取所有營養，烹調起來太累人，所以可用一天的餐點來考量。

寶寶一天吃三次餐後，媽媽可試著不再飯後授乳。可是寶寶營養全由副食品中攝取有點困難，所以可考慮一天吃三餐副食品和兩次授乳。這時也是讓寶寶開始練習用杯子喝奶的最佳時期。

蛋花稀飯

材料
軟飯‧‧‧‧1/5碗
雞蛋‧‧‧‧1/2個
柴魚高湯‧‧‧‧1/2杯
柴魚粉‧‧‧‧少許

Step 1
將軟飯與柴魚高湯放入鍋中，以小火煮至
湯汁收乾一半。

Step 2
雞蛋打散後，淋入微滾的作法1中，邊淋
邊攪拌至完全淋入，當蛋液完全凝固後熄
火，盛入碗中，撒上柴魚粉即成。

MEMO 　寶寶第一次吃全蛋食物時，初期的餵食份量只能1
至2小匙，並連續餵食三天，如果沒有出現過敏反
應，即可放心依照食量調整餵食份量。

美生菜魩仔魚稀飯

材料
美生菜‧‧‧‧20公克
魩仔魚‧‧‧‧20公克
軟飯‧‧‧‧1/5碗
蔬菜高湯‧‧‧‧1/2杯

Step 1
生菜洗淨、切碎；魩仔魚放入小濾網中沖
洗乾淨。

Step 2
軟飯、魩仔魚、生菜與蔬菜高湯均放入鍋
中，以小火煮至湯汁收乾一半即可。

MEMO 　美生菜的澀味較低，且經過較長時間熬煮熟透後，
也能保持清脆的口感，是寶寶初期練習咀嚼很好的
食材。

MEMO　煮熟的青豆在研磨時外皮就會脫落,磨好後再將硬皮以筷子挑除即可。

青豆稀飯

材料
青豆‧‧‧‧2大匙
軟飯‧‧‧‧1/5碗
柴魚高湯‧‧‧‧1/2杯

Step 1
青豆洗淨,放入滾水中汆燙至熟透,撈出放入研磨器中研磨至泥狀,並挑除硬皮。

Step 2
將軟飯、青豆泥與柴魚高湯放入鍋中,以小火煮至湯汁收乾一半即可。

MEMO　乾海帶的纖維很粗硬,所以只適合用來製作副食品所用的高湯,海帶嫩芽才能直接讓寶寶食用。

海帶芽稀飯

材料
乾海帶芽‧‧‧‧1/2小匙
軟飯‧‧‧‧1/5碗
蔬菜高湯‧‧‧‧1/2杯

Step 1
乾海帶芽放入冷水中泡開後切碎。

Step 2
將軟飯、切碎的海帶芽與蔬菜高湯放入鍋中,以小火煮至湯汁收乾一半即可。

副食品
第 3 階段

海苔柴魚稀飯

材料
胡蘿蔔泥‥‥1大匙
海苔粉‥‥1/2小匙
軟飯‥‥1/5碗
柴魚高湯‥‥1/2杯

Step 1
將軟飯與柴魚高湯放入鍋中,以小火煮至
湯汁收乾一半。

Step 2
放入胡蘿蔔泥續煮1分鐘,盛出撒上海苔
粉即可。

MEMO　柴魚和海苔含有很高的鮮味,且本身也都略帶有天
然的鹹味,可以提高寶寶的食用意願。

雞肉什錦稀飯

材料
雞肉‥‥25公克　　軟飯‥‥1/5碗
美生菜‥‥20公克　柴魚高湯‥1/2杯
胡蘿蔔泥‥‥1大匙

Step 1
雞肉和生菜均洗淨、切碎。

Step 2
將軟飯與柴魚高湯放入鍋中,以小火煮開
後,放入雞肉、生菜和胡蘿蔔泥,續煮至
湯汁收乾一半即可。

MEMO　胡蘿蔔泥可以使用嬰兒的罐頭食品,或是將熬煮高
湯剩下的胡蘿蔔研磨成泥,使用更為方便。

MEMO　烤盤加水烘烤，可以增加烤箱中的溼氣，食物表面就不會太過乾硬，中心也容易熟透。

麵包布丁

材料
白土司‥‥1/2片
雞蛋‥‥1個
牛奶‥‥3大匙
白砂糖‥‥1/2小匙

Step 1
白土司去邊後切成小丁，放入小烤碗中。

Step 2
雞蛋打散後加入牛奶和白砂糖攪拌均勻，倒入作法1中。

Step 3
將作法2放入加水的烤盤中，放入預熱好的烤箱，以120℃烘烤8分鐘即可。

MEMO　小寶寶的腸胃對纖維太粗的食物還不太能消化，因此，即使全麥土司的營養較白土司更高，但在這個階段仍不宜食用。

牛奶蔬菜麵包湯

材料
白土司‥‥1/2片
牛奶‥‥4大匙
胡蘿蔔‥‥40公克
蔬菜高湯‥‥2大匙

Step 1
白土司去邊後切成小丁；胡蘿蔔洗淨，去皮後切小丁。

Step 2
將牛奶、蔬菜高湯、胡蘿蔔丁放入鍋中，以小火煮至胡蘿蔔熟透，加入白土司丁拌勻即可。

優格拌彩椒義大利麵

材 料
義大利麵‥‥20公克
彩椒‥‥30公克
無糖優格‥‥2大匙

Step 1
義大利麵放入滾水中煮熟，撈出後以乾淨燙過的剪刀剪成小段。

Step 2
彩椒洗淨，去蒂及籽後切小丁，放入滾水中，汆燙至完全熟透後撈出。

Step 3
所有材料放入碗中拌勻即可。

MEMO　彩椒的顏色鮮豔，可以吸引寶寶的興趣，不過若是寶寶不喜歡它的味道，可以替換成其他蔬菜。

焗番茄魚肉通心麵

材 料
通心麵‥‥20公克　　番茄‥‥30公克
玉米醬‥‥1大匙　　白肉魚‥‥30公克
牛奶‥‥1大匙　　披薩起司‥‥少許

Step 1
通心麵放入滾水中煮熟，撈出後以乾淨燙過的剪刀剪碎。

Step 2
番茄洗淨，汆燙去皮後切碎；白肉魚放入滾水中燙熟後，撈出壓碎。

Step 3
通心麵、玉米醬、牛奶、番茄和白肉魚均放入烤碗中拌勻，撒上披薩起司，放入預熱好的烤箱，以180℃烘烤8分鐘即可。

MEMO　市面上可以買到寶寶專用的通心麵，有不同大小與造形可以挑選，可以省去煮熟後再剪碎的麻煩。

MEMO　雞肝的質地較細緻，容易研磨成泥；而豬肝的質地就比較粗硬些，最好等寶寶大一點的時候再食用。

奶汁烤肝醬馬鈴薯

材料

雞肝‧‧‧‧30公克　　柴魚高湯‧‧‧‧1大匙
牛奶‧‧‧‧2大匙　　　起司粉‧‧‧‧少許
馬鈴薯‧‧‧‧50公克

Step 1
雞肝洗淨，放入滾水中汆燙至熟透，撈出壓成泥狀。

Step 2
馬鈴薯洗淨，放入滾水中汆燙至熟透，撈出去皮，放入小烤碗中壓成泥狀，加入牛奶與柴魚高湯拌勻，最後放入雞肝泥。

Step 3
將作法2放入預熱好的烤箱中，以180℃烘烤6分鐘，取出撒上起司粉即可。

MEMO　煎過的馬鈴薯香味對寶寶來說極有吸引力，但比水煮馬鈴薯難消化，因此一次食用的份量不能過多。

玉米馬鈴薯餅

材料

馬鈴薯‧‧‧‧50公克
軟飯‧‧‧‧3大匙
玉米醬‧‧‧‧2大匙
番茄醬‧‧‧‧少許

Step 1
馬鈴薯洗淨，放入滾水中汆燙至熟透，撈出去皮，放入小碗中壓成泥狀，加入玉米醬與軟飯拌勻。

Step 2
作法1分成小份，搓圓後壓成餅狀，放入平底鍋中以小火煎至熟透且呈金黃色，盛出淋上番茄醬即可。

香煎鮭魚

材料

鮭魚····60公克　　奶油····1小匙
洋蔥····20公克　　蔬菜高湯····4小匙
胡蘿蔔··20公克

Step 1
鮭魚洗淨；洋蔥與胡蘿蔔均洗淨、去皮、切小丁。

Step 2
熱鍋放入奶油燒融，先放入洋蔥與胡蘿蔔丁，以小火炒出香味，再放入鮭魚續煎至兩面呈金黃色，最後加入蔬菜高湯，以小火煮1分鐘即可。

MEMO　香煎鮭魚可以直接食用，也可以壓碎後拌入煮好的稀飯中。

茄汁鱈魚

材料

鱈魚····70公克　　蔬菜高湯····1/3杯
番茄····30公克　　太白粉水····少許
青椒····20公克

Step 1
鱈魚洗淨；番茄與青椒均洗淨、去蒂、切小丁。

Step 2
將番茄、青椒和蔬菜高湯放入鍋中，以小火煮開，放入鱈魚續煮至熟透，最後淋入太白粉水，勾芡至略濃稠即可。

MEMO　鱈魚是幾乎沒有魚腥味的魚種，而且肉質細嫩容易吞食消化，是寶寶很好的魚肉選擇。但因鱈魚的白色軟刺以肉眼不易辨認，一定要小心挑除。

MEMO　美奶滋的味道很吸引寶寶，但稍嫌油膩了些，宜少量食用；也可以利用無糖優格取代。

美奶滋洋芋鮪魚醬

材料
馬鈴薯‥‥40公克　　海苔粉‥‥少許
美奶滋‥‥1大匙
無鹽鮪魚‥‥2大匙

Step 1
馬鈴薯洗淨，放入滾水中汆燙至熟透，撈出去皮，放入小碗中壓成泥狀。
Step 2
將鮪魚肉和美奶滋加入馬鈴薯泥中拌勻，撒上海苔粉即可。

MEMO　雖然海苔營養豐富，但市售的海苔點心大多含有很高的鹽分與鈉，在這個階段最好不要食用。

鮭魚海苔蓋飯

材料
軟飯‥‥1/4碗
鮭魚‥‥40公克
無鹽海苔‥‥適量

Step 1
鮭魚洗淨，拭乾水分後，放入熱油鍋中以小火煎熟，取出壓碎。
Step 2
無鹽海苔撕碎，放入小碗中，加入鮭魚肉混合均勻。
Step 3
軟飯盛入小碗中，蓋上作法2即可。

清蒸鱈魚

材料

鱈魚‥‥50公克
蔥‥‥少許
胡蘿蔔‥‥20公克
米酒‥‥1小匙

Step 1
蔥洗淨、切碎；胡蘿蔔去皮、切丁。

Step 2
鱈魚洗淨，放入盤中，撒上胡蘿蔔丁與蔥碎，淋上米酒，放入電鍋中，外鍋加入1/2杯水煮至開關跳起即可。

MEMO　米酒的酒精成分會在蒸煮的過程中蒸發掉，所以可以少量使用以去腥並增添香氣，

玉米牛奶醬肉丸

材料

瘦豬肉‥‥70公克
玉米醬‥‥1大匙
牛奶‥‥2大匙
太白粉水‥‥少許

Step 1
瘦豬肉洗淨，剁碎成泥狀，再捏成小圓球，放入滾水中汆燙至熟透，撈出盛盤。

Step 2
牛奶與玉米醬放入鍋中，以小火煮開，淋入少許太白粉水勾芡至濃稠，盛出淋在肉丸上即可。

MEMO　玉米牛奶醬也可再加入少許熟蛋黃一起煮勻，更增加營養。豬肉剁成泥後可加入少許鹽調味。

MEMO　經過油炒的胡蘿蔔營養吸收率較高，因此除了水煮或蒸熟之外，也要偶爾變化一下烹調方式。

蘿蔔炒雞肝

材料
雞肝‥‥40公克　　小魚乾高湯‥2大匙
胡蘿蔔‥‥30公克　米酒‥‥1小匙
白蘿蔔‥‥30公克　醬油‥‥1/2小匙

Step 1
雞肝洗淨、切小丁；胡蘿蔔與白蘿蔔均洗淨，去皮後切小丁，放入滾水中汆燙1分鐘後撈出瀝乾水分。

Step 2
熱鍋中倒入少許油燒熱，放入雞肝、胡蘿蔔、白蘿蔔，以小火炒勻，加入米酒拌炒數下後，淋入調勻的小魚乾高湯與醬油，續煮至湯汁收乾即可。

MEMO　韭菜的纖維較粗，最好挑選前端較嫩的部位，如果寶寶腸胃不太好，可用已過濾的韭菜汁來製作。

韭菜炒蛋

材料
韭菜‥‥30公克
雞蛋‥‥1個
鹽‥‥少許

Step 1
韭菜洗淨，切小段。

Step 2
雞蛋打散，加入韭菜和鹽再次拌勻。

Step 3
熱鍋中倒入少許油燒熱，倒入作法2，小火炒至熟透即可。

日式煎蛋捲

材 料
胡蘿蔔‥‥30公克　　雞蛋‥‥2個
雞肉‥‥40公克　　　鹽‥‥少許
菠菜‥‥20公克

Step 1
胡蘿蔔洗淨，去皮後切碎；雞肉洗淨，放
入滾水中燙熟，切碎；菠菜洗淨切碎。

Step 2
所有材料放入大碗中拌勻，倒入熱油鍋
中，以小火煎至半熟，捲起後，續煎至全
熟即可。

MEMO　煎蛋捲無法製作小份量，為了方便製作，建議讓寶
寶分次吃或是親子一起享用。若是分次給寶寶食
用，可以稍加變化，以免寶寶吃膩。

蔬菜羹湯

材 料
南瓜‥‥40公克　　柴魚高湯‥1/2杯
彩椒‥‥30公克　　太白粉水‥‥少許
高麗菜葉‥30公克

Step 1
南瓜洗淨、去皮、切小丁；彩椒洗淨、去
蒂及籽、切小丁；高麗菜洗淨、切小片。

Step 2
將蔬菜高湯倒入鍋中，以小火煮開，放入
所有蔬菜材料續煮至熟透，最後淋入太白
粉水稍微勾芡即可。

MEMO　蔬菜湯具有天然的甜味，即使不加高湯，味道也不
錯，搭配上柴魚高湯則能同時具有更好的鮮味。

MEMO　細碎的材料要汆燙時，可以直接放入漏杓中，再放入滾水中燙煮，並以長筷子不時地攪拌，燙好了只要直接拿起來瀝乾就好。

鮑仔魚拌青江菜

材料
鮑仔魚‥‥1大匙
青江菜‥‥20公克
柴魚高湯‥‥2大匙

Step 1
鮑仔魚洗淨，青江菜洗淨切碎，一起放入滾水中汆燙約1分鐘，撈出瀝乾水分。
Step 2
將柴魚高湯淋入作法1中拌勻即可

MEMO　切碎的番茄煮久了會化掉，使湯汁略帶濃稠的口感，如果直接使用熬高湯所用的胡蘿蔔，則壓成泥後與番茄一起煮即可。

番茄胡蘿蔔湯

材料
胡蘿蔔‥‥40公克
番茄‥‥1/2個
蔬菜高湯‥‥1/2杯

Step 1
胡蘿蔔洗淨，去皮後刨成絲；番茄洗淨，放入滾水中汆燙1分鐘，取出切碎。
Step 2
將所有材料放入鍋中拌勻，以中火煮開後，改小火煮至材料熟軟即可。

甜煮蔬菜

材料
地瓜‥‥50公克
南瓜‥‥50公克
砂糖‥‥1大匙
蔬菜高湯‥‥1杯

Step 1
地瓜與南瓜均洗淨、去皮後切小塊。

Step 2
蔬菜高湯倒入鍋中,以中火煮開,加入砂糖煮勻之後,加入地瓜與南瓜,以小火煮至熟透即可。

MEMO　幾乎所有的寶寶都對甜食有著不能抗拒的熱愛,不妨利用營養較豐富的甜煮蔬菜取代其他甜食吧!

冬瓜豆腐湯

材料
冬瓜‥‥50公克
豆腐‥‥40公克
小白菜‥‥10公克
柴魚高湯‥‥1杯

Step 1
冬瓜去皮,與豆腐均洗淨、切小塊;小白菜洗淨切碎。

Step 2
將柴魚高湯倒入鍋中,以中火煮開,加入冬瓜煮至熟軟,最後加入豆腐與小白菜續煮1分鐘即可。

MEMO　如果嫌豆腐切小塊太麻煩,可以先切大塊一點,餵食的時候再以湯匙弄碎即可。

MEMO　市售的柳橙汁酸味較重,最好使用本地產的柳丁,天然的甜味較高。哈密瓜也可替換成其他水果變化口味。

水果洋芋甜點

材料
馬鈴薯泥‧‧‧‧3大匙
哈密瓜‧‧‧‧40公克
柳橙汁‧‧‧‧2小匙

Step 1
哈密瓜洗淨,去皮後切碎。

Step 2
所有材料放入小碗拌勻,捏成球狀即可。

MEMO　同樣的作法也可製作南瓜、地瓜、馬鈴薯等不同口味的點心。

芋泥小點心

材料
芋頭‧‧‧‧100公克
砂糖‧‧‧‧1大匙

Step 1
芋頭洗淨,去皮後切片,放入電鍋中蒸熟,取出放入大碗中壓碎。

Step 2
趁熱將砂糖加入芋頭泥中拌勻,捏成小丸子,放入預熱好的烤箱中,以160℃烘烤7分鐘即可。

焦糖牛奶香蕉

材料
香蕉‥‥1/2根
牛奶‥‥1/4杯
黃砂糖‥‥2小匙

Step 1
香蕉去皮切片。

Step 2
黃砂糖放入鍋中，加入2大匙水煮開，並以中火煮至剩下一半的量，倒入牛奶以小火煮勻後，熄火加入香蕉拌勻即可。

MEMO　加入牛奶後不需煮至滾沸，否則會有結皮現象產生。香蕉也可換成蘋果、哈密瓜等水果。

橙汁胡蘿蔔

材料
胡蘿蔔‥‥100公克
柳橙汁‥‥1/2杯

Step 1
胡蘿蔔洗淨，去皮後切小丁。

Step 2
胡蘿蔔丁與柳橙汁一起放入鍋中，以小火煮至熟軟即可。

MEMO　胡蘿蔔丁可以視寶寶的咀嚼狀況，切成適合一口一塊的大小，可以幫助練習咀嚼與吞嚥的動作。

MEMO　可改用柴魚高湯製作，味道也很不錯。這道稀飯是忙碌的媽媽最省時又方便的寶寶餐。

奶汁鮪魚玉米稀飯

材料
軟飯‧‧‧‧1/5碗　　牛奶‧‧‧‧2大匙
無鹽鮪魚‧‧‧‧2大匙　蔬菜高湯‧‧1/3杯
玉米醬‧‧‧‧2大匙

Step 1
軟飯與蔬菜高湯放入鍋中拌勻，以小火煮成稀飯。

Step 2
鮪魚、玉米醬、牛奶加入稀飯中拌勻，並再次煮至滾沸即可。

MEMO　麵線很容易煮熟，所以不需要另外煮，但最好能以熱水沖洗過再下鍋。若是乾硬的包裝麵線則可先用熱水燙至軟化。

黃瓜蛋汁麵線糊

材料
白麵線‧‧‧‧30公克　　雞蛋‧‧‧‧1/2個
大黃瓜‧‧‧‧40公克　　柴魚高湯‧‧‧‧1杯

Step 1
大黃瓜洗淨、去皮，放入煮開的柴魚高湯中，以小火煮至熟軟。

Step 2
白麵線以熱開水沖洗乾淨，剪短後加入作法1中續煮至熟透，淋入打散的雞蛋拌勻，續煮30秒鐘即可。

「輕鬆烹調副食品」的小祕訣

副食品每天只要烹調極少的量,儘管量很少,但媽媽們仍希望能輕鬆製作美味的料理。在此要介紹許多前輩媽媽們靠經驗累積出來的輕鬆烹調技巧,希望大家都能受惠。

1 用小砧板和單柄鍋,方便又得心應手

副食品的份量非常少,如果用大鍋子和砧板來製作,不僅浪費時間,事後的清理工作也比較麻煩。我都是用小砧板和小單柄鍋來烹煮。用大鍋煮少量的食物,很容易在煮熟後沒多久就焦了,用小鍋來煮反而比較方便,所以我都是用小的不沾平底鍋來煮。或許會有人覺得沒用正式的烹調器具,做起飯來有點提不起勁,但是這樣做起來感覺有點像在玩扮家家酒,而且清理方便,我倒是覺得樂在其中呢。

2 使用削皮器來取代辛苦地切絲和切末

副食品的食材一定都得仔細地切碎,可是我不擅用菜刀,不論多用心,都無法將食材切得很細,後來我想到了削皮器。我用削皮器將胡蘿蔔和馬鈴薯等食材先削薄片,之後再切絲或切末,這樣就算沒買專用的切片刀,也能切得很薄。建議不擅切薄片的媽媽,可以試試這個方法。另外,有一種中間以方格鐵絲製成、用來切白煮蛋的切蛋器,也是好用的工具,我用來切水煮馬鈴薯和南瓜,可以整齊地切出5mm正方的小丁。

3 用耐熱容器,不開火就能完成一道濃湯

沒有時間自己煮高湯的時候,我會用嬰兒食品的湯類來加工製作副食品。我將切碎的蔬菜和嬰兒食品的湯倒入耐熱容器中,蔬菜種類不妨多一些,然後只要用微波爐加熱,一道湯品就輕鬆完成了。煮軟的蔬菜磨碎之後可以直接給寶寶吃,湯裡也可以加入麵包丁或米飯做成稀飯,等於主食、配菜都有了,重點是不用開爐火就能輕鬆完成。我都是在製作大人餐點的同時,用微波爐加熱,瞬間就能完成副食品了。

4 用耐熱玻璃量杯將米飯煮成稀飯

有不少人都是在米飯中加水後,再放入微波爐中或以爐火烹調成副食品的稀飯。我則是將所需的水量倒入有刻度的耐熱玻璃量杯中,放入米飯後,再用微波爐烹調。這樣完成後,我就能知道稀飯的精確份量,該取出多少餵食或是分裝儲存,都能一目了然,一舉兩得。我希望在忙碌的育兒生活裡能少洗點餐具,所以儘量只用一個容器來烹調。

5 使用漏勺可以一次煮多種蔬菜

要水煮好幾種蔬菜時,總要將水煮沸好幾次,分次燙煮不同的蔬菜,可是這麼做不僅麻煩,也耗費時間。我現在都是使用小漏勺,一次就能將所有菜都煮好。先準備個好幾支漏勺,將切碎的不同蔬菜放入不同的漏勺中,然後依蔬菜煮熟所需的時間,依序都掛在煮沸水的大鍋邊,一次就能把所有蔬菜都煮完成。這個方法是我看到外面麵店用的煮麵大鍋而得到的靈感。雖然這麼煮出來的蔬菜色澤稍微差了點,但是如果是要磨碎給寶寶吃的,就不成問題了。

· 寶貝姓名 ·
許珈銘
· 生　日 ·
2005年8月4日
· 拍攝日期 ·
2006年2月8日

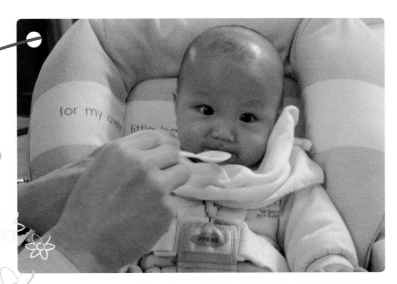

全母奶小BABY的我，這一天終於嘗到新滋味了，爸爸餵我吃米精糊耶！雖然還是母奶調成的，又吃得滿嘴，但味道不賴喔。

 6　善用小道具就能輕鬆弄碎蔬菜

我都是用夾鏈袋自製蔬菜泥。像胡蘿蔔、馬鈴薯等蔬菜，先削皮，然後在水煮得快爛之前，放入夾鏈袋中，再用手揉成泥。這樣手既不會弄髒，也不必清洗用具，而且沒吃完的蔬菜泥用手壓平後可以直接冷凍保存，十分方便。另外市面上有一種背面粗糙不平的草莓、冰淇淋專用湯匙，利用這個工具來製作副食品超級方便，例如水煮馬鈴薯和豆腐等，只要放在容器內用湯匙壓碎，立刻就輕鬆完成一道副食品了。

 **7　以製冰盒冷凍後，
再放入夾鏈袋中保存**

為求省時省力，我都一次製作許多蔬菜湯或高湯，放涼後倒入製冰盒中冷凍，待高湯結凍後，取出高湯塊，再放入夾鏈袋中保存，使用時拿出一顆，只要用微波爐解凍加熱就行了。高湯塊如果放在保存容器中較占冰箱的空間，但是放在袋裡就可塞在冷凍庫的小縫隙中，更方便收納。我也會在夾鏈袋上註明製作日期、內容物，不但可作為料理的菜單參考，也不會忘記保存期限。

 **8　放在小玻璃瓶中，
以冷凍方式保存**

寶寶的初期副食品，像蔬菜泥或高湯等，我會一次煮多一點的份量，然後分裝放在直徑5～6cm的小玻璃瓶中，放涼後蓋上保鮮膜，排放在淺盤中放入冰箱冷凍保存。這樣要吃時就不必另外倒入容器中，只要取出玻璃瓶用微波爐加熱即可，非常方便。如果是放在製冰盒中，要一個個取出來反倒

麻煩，還不如裝在玻璃瓶裡便利。通常我會一次準備個10瓶備用。我也會製作一些大人用的高湯或醬料，加入香料後以同樣方法保存起來，要用時很方便。

 **9　鋁箔紙縮短冷凍時間，
橡膠刮刀不浪費食物**

我希望趁副食品還未滋生細菌時，迅速放入冰箱冷凍。雖然用淺盤很方便，但我家並沒有那種用具，於是我便用鋁箔紙代替，我將鋁箔紙鋪好後，放上一份份的副食品，直接放入冷凍庫冷凍，等食物結凍後，撕掉鋁箔紙，將副食品放入保存容器中就行了。這種方式食物結凍的時間，大約是一般的2/3。另外，黏呼呼的副食品容易黏在鍋底或碗底，很難全部盛入容器中，我就用橡膠刮刀將鍋底和碗底的食物刮乾淨，這是製作大人的甜點時，也能應用的小技巧。

 **10　挖耳勺充作量匙，
靈活運用小型食材**

食譜書中所寫的副食品調味料，大多是「一小撮」、「極少量」、「少許」等，可是因為我自己喜歡重口味，所以總是加太多調味料。於是，我買了一個新的挖耳勺來取代湯匙，這麼一來，除了能預防我加太多的調味料，也不必再用濕指頭去捏鹽或糖了。此外，寶寶副食品的量很少，只使用時所需的分量，剩餘的保存起來，我覺得非常麻煩，所以我都是使用小番茄或鵪鶉蛋等原本就很小的食材，這種小型食材大都一次就能用完，烹調副食品很方便。

第4階段

練習用牙床磨碎食物、活用嘴唇和舌頭的嚼食期

寶貝姓名：宋竑頤
生　　日：2005.07.30
拍攝日期：2006.04.30

哈！媽媽，快點快點！嘴嘴已經張得好大了耶！

月齡 1 歲以上

開始餵食的標準

寶寶每天已固定吃三餐，
能用牙床磨碎香蕉般
硬度的食物。

---

1 咀嚼能力漸強，已近似大人的嚼食方式

觀察寶寶吃食物時嘴巴的動作，若發現他嘴唇緊閉扭動，有時舌頭左右移動，有時單側臉頰隆起時，就表示他正在用牙床努力地咀嚼。寶寶累積許多嚼食的經驗後，舌頭、嘴唇和下顎的動作變得更靈活了。這時能開始讓他們吃各種口感和硬度的東西。
寶寶一歲以後，有不少媽媽會開始餵他吃和大人同硬度的食物，儘管寶寶已長門牙，甚至上下左右各長了4顆臼齒，可是還是無法嚼碎大人吃的食物。每個寶寶臼齒長齊的時間各不相同，這時期還是要給他吃比大人稍微軟一點、小一點的食物。

2 一天三餐要保持規律的節奏

寶寶的早、中、晚三餐，到了這個時期，已經類似大人的進食節奏，這時如果寶寶還沒有固定的用餐時間，並不需要勉強改變，但可以慢慢地配合家人進食的時間。所以這時最重要的是，大人們的作息也應儘量規律，不吃早餐或晚餐太晚吃，都會對寶寶造

成不良的影響。因工作關係而較晚吃晚餐的家庭，最好將寶寶的晚餐時間單獨提前。
這時期寶寶常喜歡邊吃邊玩，一旦確定用餐的時間後，如果寶寶意猶未盡還想玩、不想吃飯，讓他繼續玩、先別吃飯也無妨，但兩餐之間，最好不要再餵任何其他的零食。

副食品的餵食參考

種類		第四階段
月齡		12～15個月
次數	副食品	3次
	母乳‧配方奶	※
料理形態		能用牙床咀嚼
一次大約的分量	I 穀類	軟飯90公克～乾飯80公克
	II 蛋	全蛋1/2～2/3個
	或豆腐	50～55公克
	或乳製品	100～120公克
	或魚肉	15～18公克
	或肉類	18～20公克
	III 蔬菜‧水果	40～50公克
烹調用油脂類‧砂糖		各4公克

※鮮奶或沖泡的牛奶一天約300～400cc

可以餵食的食物

碳水化合物	蛋白質	其他

碳水化合物

米飯
（從軟飯到乾飯）

麵類（長約1cm）

麵包（三明治捲）

蛋白質

油豆腐

培根

蝦子

火腿

其他

美奶滋

蜂蜜

番茄醬

咖哩粉

第四階段食譜搭配範例

碳水化合物＋蛋白質
菠菜牛肉焗飯（P.70）

維生素
蘋果小黃瓜番茄沙拉（P.83）

碳水化合物＋蛋白質
三明治捲（P.72）

維生素
美生菜鮮菇湯（P.81）

碳水化合物＋蛋白質
鮪魚米飯漢堡（P.71）

維生素
酸甜彩椒（P.81）

③ 食量因人而異，食物要柔軟

延續第三階段的狀態，副食品的硬度和烹調形態已慢慢近似大人的食物，不過，硬度還是要比大人軟一點。寶寶看起來似乎在嚼食，可是太硬的食物他們往往用吞的。食物硬度若不適合每個寶寶各別的嚼食力，他就無法練習咀嚼。從大人的餐點中分出食物時，也要烹調成適合寶寶的硬度。

到了這個階段，寶寶的食量大致會出現明顯的個人差異。這時許多媽媽或許會煩惱，寶寶的食量比不上其他的小朋友或是育兒書中的嬰兒，但是如果您的寶寶精神很好，就沒什麼問題，讓寶寶順其自然攝取自己所需的量。

④ 培養寶寶想自己吃飯的想法

寶寶這時期逐漸對食物產生好奇，許多寶寶開始會想自己用叉子和湯匙用餐，即使寶寶自己只能吃進一半的食物，這時期仍應培養他想自己用餐的想法，這點十分重要。最好花些心思料理，可讓寶寶抓著吃的飯糰、三明治，或是用竹籤串起的肉球等料理。

寶寶自己吃飯，若受到父母的稱讚後，會對「自己吃飯」一事感到滿足。這時如果寶寶自己還不太會使用湯匙和叉子，不妨拉著他的手，幫助他將食物送入口中。

⑤ 營造吃飯時的歡樂氣氛

注意餐點中的營養均衡固然重要，但也要慢慢讓寶寶了解用餐的快樂。「好美味喲」、「吃光了，好棒喲」，用餐時不妨和寶寶說說話，花點心思營造歡樂的氣氛。這時是寶寶的情緒發展期，料理中使用豐富的色彩、用模型塑出可愛的造型，還是使用寶寶喜愛的食器等，餐點的外觀對他來說也很重要。

此外，兩餐間的點心，也能使寶寶享受進食的快樂。在不影響正餐的情況下，儘量選擇有營養的食物來作為寶寶的點心。市售的甜點糖分和鹽分含量都很高，建議儘可能給他自製的點心，不花時間的水果和優格等也是很好的點心。

菠菜牛肉焗飯

材 料

軟飯····1/5碗	牛奶····2大匙
牛肉····40公克	蔬菜高湯····4大匙
菠菜····20公克	披薩起司····適量

Step 1
牛肉與菠菜均洗淨、切碎。

Step 2
鍋中倒入少許油燒熱，放入牛肉與菠菜，以中火炒熟，依序加入蔬菜高湯、牛奶與軟飯拌勻，盛入烤碗中。

Step 3
撒上披薩起司，移入預熱好的烤箱，以180℃烘烤10分鐘即可。

MEMO　牛奶與蔬菜高湯的量可以酌量調整，如果寶寶喜歡濕軟一點的口感，可多加一些。

咖哩什錦拌飯

材 料

軟飯····1/5碗	火腿片····1片
四季豆····30公克	咖哩醬····2大匙
胡蘿蔔····30公克	蔬菜高湯··1/3杯

Step 1
四季豆洗淨，撕除老筋後切小段；胡蘿蔔洗淨，去皮後切丁；火腿切碎。

Step 2
將咖哩醬與蔬菜高湯倒入鍋中拌勻，以小火煮開，放入胡蘿蔔、四季豆和火腿煮熟，熄火，加入軟飯拌勻即可。

MEMO　加入軟飯拌勻後，湯汁會被飯吸乾。如果家裡沒有咖哩醬，也可使用咖哩塊或咖哩粉，但請選擇不辣的口味。

MEMO　麻婆豆腐可以煮多一點，冷卻之後密封放入冰箱冷藏保存，即可分次使用，也可用來拌麵。

麻婆豆腐蓋飯

材 料
軟飯‥‥1/4碗　　　蔥‥‥少許
豬肉絲‥‥40公克　　醬油‥‥1小匙
豆腐‥‥40公克　　　柴魚高湯‥‥1/2杯
胡蘿蔔‥‥30公克　　太白粉水‥‥適量

Step 1
豬肉絲洗淨；豆腐洗淨、切小塊；胡蘿蔔洗淨，去皮後刨成絲；蔥洗淨切末。

Step 2
熱鍋倒入少許油燒熱，放入蔥和胡蘿蔔爆香後，加入豬肉絲以中火炒熟，依序放入柴魚高湯與豆腐，以小火煮開，以太白粉水勾芡至稍微濃稠。

Step 3
將軟飯盛入碗中，淋上作法2即可。

MEMO　米漢堡也可以低溫烘烤定型，較少油膩，不過需要的烹調時間比較長。

鮪魚米飯漢堡

材 料
軟飯‥‥1/4碗
起司片‥‥1片
無鹽鮪魚‥‥1大匙
太白粉水‥‥少許

Step 1
將軟飯放入碗中，加入少許太白粉水拌勻，捏成圓餅狀，放入熱油鍋中，以小火煎至定型後盛出。

Step 2
以煎好的米漢堡夾入起司片與鮪魚即可。

焗法國麵包

材料

法國麵包····適量　　番茄泥····1大匙
玉米醬····1大匙　　牛奶····3大匙
馬鈴薯泥····1大匙

Step 1
法國麵包取中央白色部分，切小塊。
Step 2
將玉米醬、馬鈴薯泥、番茄泥、牛奶一起
放入烤碗中拌勻，再放入法國麵包拌勻，
放入預熱好的烤箱中，以180℃烘烤6分
鐘即可。

MEMO　　只要將表皮去掉，吸收湯汁後的法國麵包其實非常
　　　　柔軟，香味也比白麵包來得好。

三明治捲

材料

白土司····3片　　馬鈴薯泥····2大匙
哈密瓜····80公克　熟蛋黃····1小匙
無鹽鮪魚····2大匙

Step 1
白土司去邊。
Step 2
哈密瓜洗淨，去皮後磨成泥；馬鈴薯泥與
熟蛋黃拌勻。
Step3
土司分別抹上哈密瓜泥、無鹽鮪魚與蛋黃
馬鈴薯泥，包捲起來即可。

MEMO　　每個寶寶長牙的情況不同，如果寶寶還無法小口咬
　　　　食，餵食時可撕成小塊。

MEMO　烤得酥酥脆脆的土司，是寶寶很好的磨牙食物，不過要注意別讓寶寶一口塞太多，會不容易吞嚥。

起司棒

材料
白土司‧‧‧‧1片
無鹽奶油‧‧‧‧1/2大匙
起司粉‧‧‧‧適量

Step 1
白土司去邊，均勻抹上奶油，切成長條。

Step 2
將土司條排入烤盤中，均勻撒上起司粉，放入預熱好的烤箱，以140℃烘烤至呈金黃色即可。

MEMO　雞蛋煎熟或炒熟後，加入高湯煮成麵湯，是快速又好吃的簡易作法，其他配料則可隨意搭配。

雞肉蛋片湯麵

材料
雞肉‧‧‧‧40公克　　茼蒿‧‧‧‧少許
雞蛋‧‧‧‧1/2個　　柴魚高湯‧‧‧‧1杯
家常麵條‧‧‧‧30公克

Step 1
家常麵條放入滾水中煮熟，撈出瀝乾水分，放入碗中剪成小段。

Step 2
雞肉洗淨，切片後放入滾水中汆燙1分鐘；茼蒿洗淨切小片。

Step 3
雞蛋攪散後倒入熱油鍋中，以中火煎至熟，用鍋鏟切成小片，倒入柴魚高湯煮開，再加入雞肉與茼蒿續煮1分鐘，淋入煮好的麵條中拌勻即可。

副食品
第 4 階段

大阪燒

材 料
高麗菜····40公克　　櫻花蝦····1大匙
番茄····40公克　　柴魚粉····少許
牛奶····1/2杯　　海苔粉····少許
地瓜粉····2大匙

Step 1
高麗菜洗淨、切細絲；番茄和櫻花蝦均洗淨、切碎。

Step 2
依序將牛奶與地瓜粉放入大碗中調勻，再加入高麗菜、番茄和櫻花蝦拌勻。

Step 3
鍋中倒入少許油燒熱，倒入作法2壓平，以小火將兩面都煎熟，盛出，撒上柴魚粉和海苔粉即可。

MEMO　地瓜粉的作用主要是凝固，也可以太白粉或麵粉取代，但在軟硬度與色澤上略有不同。

海帶芽煮鯛魚

材 料
鯛魚····80公克
海帶芽····1/2小匙
小魚乾高湯····1/2杯

Step 1
鯛魚洗淨，放入滾水中汆燙1分鐘，撈出瀝乾；海帶芽以冷水泡開，沖洗乾淨後瀝乾水分，切碎。

Step 2
小魚乾高湯倒入鍋中，以中火煮開，加入海帶芽以小火煮1分鐘，再加入鯛魚續煮3分鐘即可。

MEMO　無刺的冷凍鯛魚肉片是寶寶很方便的好食材，使用時在冷凍狀態直接切塊，剩下的再放回冰箱冷凍保存即可。

MEMO　鱈魚最好切成較厚的塊狀，在油炸後較能保持嫩度，炸好後可將外衣較硬的部分去掉一部分，以免寶寶吃太多不好消化。

酥炸鱈魚

材料
鱈魚‥‥100公克　　麵粉‥‥1大匙
太白粉‥‥1大匙　　番茄醬‥‥少許
雞蛋‥‥1/2個

Step 1
鱈魚洗淨，擦乾水分，依序裹上太白粉、攪散的雞蛋和麵粉。

Step 2
鍋中倒入適量油燒熱，放入鱈魚，以中小火炸至兩面呈金黃色，撈出瀝乾，淋上番茄醬即可。

MEMO　旗魚的厚度以1公分到1公分半之間為宜，太厚不容易熟透，太薄又容易變得乾硬。

烤美奶滋旗魚

材料
旗魚‥‥70公克
番茄‥‥40公克
美乃滋‥‥2大匙
番茄醬‥‥少許

Step 1
旗魚洗淨，瀝乾水分放入烤盤中。

Step 2
番茄洗淨，切碎後和美奶滋調勻，淋在旗魚上，放入預熱好的烤箱，以200℃烘烤12分鐘即可。

橙醬鱈魚

材料
鱈魚····70公克
柳橙汁····2大匙
番茄····30公克
蔬菜高湯····1杯

Step 1
鱈魚洗淨,放入滾水中,以小火汆燙約
2分鐘後取出瀝乾;番茄洗淨、切碎。

Step 2
將蔬菜高湯、番茄與柳橙汁放入鍋中,以
小火煮開,再放入鱈魚,續煮至完全熟透
即可。

MEMO　未經調味的醬汁可當作湯汁餵食寶寶,也可以太白
粉水稍微勾芡增加醬汁的濃稠度,沾附效果更好。

什錦煎蛋

材料
青豆····2大匙　　雞蛋····2個
胡蘿蔔····60公克　鹽····少許
馬鈴薯····60公克

Step 1
青豆洗淨;胡蘿蔔和馬鈴薯均洗淨、去
皮、切小丁。

Step 2
雞蛋打散,再加入其他材料拌勻,倒入熱
油鍋中,以小火烘至熟透即可。

MEMO　蔬菜材料可先汆燙,不過要充分瀝乾水分,如此就
可以縮短煎蛋的時間,也能讓材料口感更軟一些。

MEMO　蒸蛋時,電鍋的鍋蓋不要完全蓋緊,蒸的溫度太高會使蒸蛋出現氣泡,影響口感和外觀。

什錦蝦仁蒸蛋

材料
蝦仁‥‥60公克　　青豆‥‥1大匙
鮮香菇‥‥1朵　　雞蛋‥‥1個
豆腐‥‥40公克　　柴魚高湯‥‥2大匙

Step 1
蝦仁去除腸泥,洗淨後切小丁;香菇去蒂,與豆腐均洗淨、切小丁;青豆洗淨。

Step 2
雞蛋放入小碗中攪散,加入柴魚高湯拌勻,再放入其他材料,放入電鍋中,外鍋加入1/2杯水蒸至開關跳起即可。

MEMO　雞肉蒸豆腐可以做成拌麵或拌飯,豆腐在蒸之後會出水,因此不必再加水或高湯。

雞肉蒸豆腐

材料
雞肉‥‥40公克
豆腐‥‥50公克
胡蘿蔔‥‥40公克
鮮香菇‥‥1朵

Step 1
雞肉洗淨,放入滾水中汆燙至熟後撈出,切碎;香菇去蒂、胡蘿蔔去皮,均洗淨、切小丁。

Step 2
豆腐洗淨後放入碗中壓碎,再加入其他材料拌勻,放入電鍋中,外鍋加入1/2杯水蒸至開關跳起即可。

豆腐漢堡

材料

豆腐‧‧‧‧70公克　　太白粉‧‧‧‧1小匙
瘦豬肉‧‧‧‧50公克　　鹽‧‧‧‧1/4小匙
雞蛋‧‧‧‧1/2個

Step 1
瘦豬肉洗淨，剁碎成泥狀。

Step 2
豆腐洗淨，放入碗中壓成泥，再加入肉
泥、雞蛋與太白粉攪拌均勻，最後加入鹽
拌勻，搓成圓球狀。

Step 3
將豆腐漢堡放入熱油鍋中，以鍋鏟稍微壓
扁成餅狀，以小火煎至兩面均熟透即可。

MEMO　使用豬絞肉製作雖然可以省去自己剁的麻煩，但是
卻有無法清洗與顆粒較粗的問題。

咖哩馬鈴薯燉肉

材料

豬肉片‧‧‧‧80公克　　咖哩塊‧‧‧‧1/2小塊
馬鈴薯‧‧‧‧60公克　　蔬菜高湯‧‧‧‧2杯
胡蘿蔔‧‧‧‧70公克

Step 1
豬肉片洗淨，以滾水汆燙後撈出瀝乾；胡
蘿蔔和馬鈴薯均洗淨、去皮、切小塊。

Step 2
蔬菜高湯倒入鍋中，加入咖哩塊攪散，再
以中火煮開，放入馬鈴薯與胡蘿蔔以小火
煮熟，再放入豬肉片續煮5分鐘即可。

MEMO　利用現成的咖哩塊製作比較方便，但因為味道比較
濃郁，用量不要太多，以免口味太重，可能會使寶
寶以後不愛吃太輕淡的食物。

MEMO　雞肉捲不要切得太小塊，否則會容易散掉。如果寶寶比較挑食，也可加少許奶油一起拌，味道更香。

雞肉捲

材料

雞肉····100公克	青豆····1大匙
雞蛋····1/2個	太白粉····1小匙
玉米粒····1大匙	鹽 ····少許
胡蘿蔔····40公克	

Step 1
胡蘿蔔洗淨，去皮後切小丁；青豆與玉米粒洗淨。

Step 2
雞肉洗淨瀝乾水分，剁成泥，放入大碗中，加入所有材料拌勻，以鋁箔紙包捲成圓條狀，放入電鍋中，外鍋加入1杯水煮至開關跳起，取出切片即可。

MEMO　市售的生餛飩通常含有味精等調味料，如果時間許可，還是盡量自己製作比較健康。

餛飩湯

材料

餛飩皮····6張	太白粉水····少許
瘦豬肉····70公克	鹽····少許
高麗菜····30公克	柴魚高湯····1杯
茼蒿····20公克	

Step 1
瘦豬肉洗淨，瀝乾後剁成泥；高麗菜洗淨，放入滾水中燙軟後切末，稍微擠乾水分；茼蒿洗淨切小段。

Step 2
豬肉泥與高麗菜放入碗中拌勻，分別取適量放入餛飩皮中，邊緣抹上少許白粉水，對折成三角形後收口捏緊。

Step 3
柴魚高湯倒入鍋中，以中火煮開，放入餛飩煮至浮起，以鹽調味後，加入茼蒿續煮1分鐘即可。

蔬菜肉捲

材料
四季豆‥‥3支 　　鹽‥‥少許
胡蘿蔔‥‥40公克 　米酒‥‥1小匙
薄豬肉片‥‥4～5片

Step 1
豬肉片洗淨，抹上米酒與鹽；四季豆洗淨，撕除老筋後切長段；胡蘿蔔洗淨，去皮後切條。

Step 2
豬肉片分別攤開排入適量四季豆與胡蘿蔔包捲起來，放入電鍋中，外鍋加入1杯水煮至開關跳起即可。

MEMO　如果寶寶咬食的能力很好，可以試著取整塊讓他自己咬著小口進食，但剛開始時要非常小心，注意不要噎著。

牛肉炒胡蘿蔔絲

材料
牛絞肉‥‥40公克 　鹽‥‥少許
胡蘿蔔‥‥80公克 　熟白芝麻‥‥少許
蔬菜高湯‥‥3大匙

Step 1
胡蘿蔔洗淨，去皮後刨成絲。

Step 2
鍋中倒入少許油燒熱，先放入牛絞肉炒至變色後盛出，再放入胡蘿蔔絲以中火炒至熟，加入牛絞肉與蔬菜高湯，以小火煮至湯汁略收乾，以鹽稍微調味後盛出，撒上白芝麻即可。

MEMO　加高湯稍微煮一下，可以使胡蘿蔔的甜味發揮得更好，絞肉也會更軟嫩容易咀嚼。

MEMO　香菇的質地雖然軟，卻也很具有韌性，如果寶寶還不適應鮮香菇的口感，也可以用其他較小型的菇類取代。

美生菜鮮菇湯

材料
美生菜‧‧‧‧30公克
鮮香菇‧‧‧‧1朵
胡蘿蔔‧‧‧‧30公克
柴魚高湯‧‧‧‧1杯

Step 1
美生菜洗淨、切小片；鮮香菇去蒂，洗淨後切小塊；胡蘿蔔洗淨，去皮後刨成絲。

Step 2
將柴魚高湯倒入鍋中，以中火煮開，放入鮮香菇與胡蘿蔔，以小火煮至熟軟，再加入生菜續煮5分鐘即可。

MEMO　酸甜的醬汁可以降低彩椒特有的刺激味，增加寶寶對彩椒的接受度。

酸甜彩椒

材料
青椒‧‧‧‧30公克　　白醋‧‧‧‧1/3小匙
紅甜椒‧‧‧‧30公克　　話梅‧‧‧‧2粒
黃甜椒‧‧‧‧30公克　　砂糖‧‧‧‧1小匙

Step 1
青椒、紅甜椒、黃甜椒均洗淨，去蒂及籽後切小塊。

Step 2
白醋、話梅和砂糖均放入鍋中，加入1/2杯水，以小火煮開，放入作法1續煮3分鐘後，熄火浸泡15分鐘即可。

馬鈴薯披薩

材 料
馬鈴薯‧‧‧‧50公克
番茄‧‧‧‧20公克
青豆‧‧‧‧1大匙
披薩起司‧‧‧‧適量

Step 1
馬鈴薯洗淨，去皮後刨成絲；番茄洗淨、切碎；青豆洗淨。

Step 2
平底鍋倒入適量油燒熱，放入馬鈴薯絲，以鍋鏟整形成圓餅狀，以小火煎至定型後盛出。

Step 3
在馬鈴薯餅上撒上番茄、青豆與披薩起司，放入預熱好的烤箱，以180℃烘烤至披薩起司呈金黃色即可。

MEMO　鮮豔繽紛配色以及可愛的造型，也是促進寶寶食慾的好方法。

焗奶汁椰菜蝦仁

材 料
綠花椰菜‧‧50公克　　蔬菜高湯‧‧1/4杯
蝦仁‧‧‧‧50公克　　　起司片‧‧‧‧1片
牛奶‧‧‧‧2大匙

Step 1
綠花椰菜洗淨、切小朵，蝦仁去腸泥、洗淨，皆放入滾水氽燙至變色，撈出瀝乾。

Step 2
蔬菜高湯與牛奶倒入鍋中，以小火煮至溫熱後，加入起司片拌煮至起司片完全融化，再放入綠花椰菜與蝦仁拌勻，倒入小烤碗中，放入預熱好的烤箱，以180℃烘烤15分鐘即可。

MEMO　綠花椰菜的莖部外層有硬皮，取用頂端較嫩的部分比較適合。

MEMO　白菜梗的纖維較粗，最好取尖端葉片的部份，對寶寶比較適合。

白菜粉絲湯

材料

白菜‧‧‧‧40公克　　柴魚高湯‧‧‧‧1杯
粉絲‧‧‧‧1/3把　　　鹽‧‧‧‧少許
豬肉片‧‧‧‧40公克

Step 1
白菜洗淨，切小片；豬肉洗淨，放入滾水中汆燙至變色後撈出；冬粉泡水軟化。

Step 2
柴魚高湯放入鍋中以中火煮開，放入白菜以小火煮至熟軟，再加入豬肉片與冬粉續煮5分鐘，以鹽調味即可。

MEMO　生食的蘋果與小黃瓜具有相當的脆度，食用前須先確定寶寶具有足夠應付的咀嚼與吞嚥的能力，才不會有噎到的危險。

蘋果小黃瓜番茄沙拉

材料

蘋果‧‧‧‧50公克
小黃瓜‧‧‧‧30公克
番茄‧‧‧‧30公克
無糖優格‧‧‧‧3大匙

Step 1
蘋果洗淨，去皮後切小丁；小黃瓜與番茄均洗淨、切小丁。

Step 2
將所有材料放入碗中混合均勻即可。

「副食品道具」的好用推薦

市面上有許多方便製作副食品的用具，
在此要介紹許多媽媽實際使用過後覺得方便的副食品道具，
想採買的媽媽們，不妨加以參考。

1 小分裝盒也能保存調味料，十分方便

許多媽媽在寶寶開始吃副食品時，幾乎都會購買塑膠製的小分裝盒，這種附密封蓋的小分裝盒，在第一階段非常實用。初期寶寶一次份的餐點，剛好可裝在5cm正方的小盒子裡，即使放在冷凍庫也不占空間。而且還附有密封蓋，也是很實用的重點。其實除了寶寶的餐點外，小分裝盒也可以用來裝蔥花或薑末等大人餐點需用的調味食材，放入冷凍保存時也很方便。清洗後能重複使用，非常經濟、實惠，我的寶寶雖然不再需要這種分裝盒了，我還是很喜歡用它。

2 食物調理機是料理時的最佳幫手

生下寶寶之後，開始要製作副食品時，食物調理機用起來真是方便極了。我除了用來擠果汁外，還拿來絞碎魩仔魚、磨碎少量稀飯、製作肉泥等，從準備期到中期，依照寶寶所需食物的軟硬度，可以隨心所欲又輕易地製作出副食品，是我不可或缺的得力助手。

3 外出時，用草莓湯匙分取食物超方便

草莓浸泡在鮮奶中再搗碎，這是我家寶寶愛吃的點心，而我都是用背面呈鋸齒狀的草莓專用湯匙來壓碎草莓，很輕易就能做到。寶寶到了第四階段，從大人餐點中分取食物的機會已漸漸增加，這時草莓湯匙仍大有用處。分取出來的豆腐或馬鈴薯等食物，若用湯匙反面將其壓碎或壓得更軟些，食物的大小剛好適合寶寶。外出時帶著湯匙，也能用來壓碎烏龍麵之類的料理，所以我都是隨身帶著它。不過，草莓湯匙直接放入寶寶口中十分危險，要特別小心。

4 購買可隨身攜帶、具保溫功能的水壺

具保溫功能的攜帶型水壺，是我帶寶寶出門時的必備品，不論是奶粉或嬰兒食品，都能立即沖泡完成，不必擔心找不到熱水或是水質不乾淨，安心又方便。如果帶著茶包，自己也能泡杯茶，可省下到咖啡館或喝果汁的錢。到了寶寶可以分食大人的外食餐點時，如果怕外食的食物太過油膩或鹽分太多，還可以用水壺裡的熱水浸洗一下，再給寶寶吃。我本來不太喜歡帶著水壺出門，但這個水壺造型簡單，大小適中，可放在背包裡，建議經常帶寶寶出門的媽媽使用。

5 用冷凍母乳用的保冷袋攜帶副食品

產假結束我又回到工作崗位，不過我還是希望寶寶能喝母乳，於是我將母乳裝在保冷袋冷凍後送到保姆家去。不久後寶寶換喝奶粉，冷凍母乳用的保冷袋便派不上用場了，感覺很可惜。還好後來我發現，這保冷袋仍能用在育兒工作上，那就是可是出門時用來裝副食品，非常方便。和家人短程出遊時，原本裝在便當盒裡的自製副食品，若放在保冷袋中，即使天氣太熱或太冷，食物都能保持適當的溫度，而且立即就能食用，而用來盛裝果汁或優格等需要一定溫度的食物也很方便。

·寶貝姓名·
撰 撰
·生 日·
2005年2月26日

喝！看我邊吃東西邊表演咬湯匙的特技！厲害吧。

6　增加市售用品的附加利用價值

市售附吸管的小保特瓶很有用處，要讓寶寶用吸管飲用時，只要在空保特瓶中倒入稀釋的飲料，插上吸管就能讓他拿著喝。保特瓶可再利用，用舊了丟掉也毫不可惜，非常實用。而蛋糕店購買布丁或起司蛋糕時，常會附盛裝的布丁模，我在家製作副食品時，這種模子剛好派上用場。因為它耐高溫，適合用來製作焗烤料理或茶碗蒸等，只要蓋上保鮮膜，還可當作保存容器使用。

7　利用小椅子來取代餐桌用椅

我是用外形像游泳圈、U型的充氣式小椅子，來作為寶寶的用餐椅。因為我家沒有餐桌，只有矮茶几，所以用這種椅子剛剛好。當我回娘家或到朋友家時，就將椅子的氣放掉帶著出門。寶寶很喜歡坐這張椅子，也很習慣坐在上面吃飯。

8　使用曬衣夾，忘了帶圍兜也沒關係

只要用曬衣夾夾住毛巾，立刻就能變成寶寶的圍兜。外出時即使忘了帶圍兜，有了這個夾子就萬無一失了，所以我的包包裡總是備有曬衣夾。我都是用洗臉毛巾來當圍兜，而不是用小毛巾，因為它比較長，能一直蓋到寶寶的膝蓋，還能接住寶寶掉落的食物，不會弄髒地板。每當連續雨天，寶寶的用餐圍兜來不及曬乾時，使用曬衣夾和毛巾，再也不必怕圍兜來不及換洗了。

9　附隔板的便當盒用來冷凍各種料理

剛開始餵副食品時，單純餵一種料理就行了，但隨著寶寶月齡逐漸增長，一定要給他更均衡的營養。每餐都要製作多種菜色與搭配有點麻煩，於是我就用附隔板的小便當盒，盛裝一次份的餐點，例如稀飯配蔬菜，麵包配南瓜泥等，餐點不會混在一起，影響了味道或口感，再予以冷凍保存。只要解凍一個便當盒，一次餐點完成了，對嫌麻煩的媽媽來說十分實用。不過便當盒要儘量選擇既耐熱又耐冷的材質，從冷凍庫拿出可直接放入微波爐中加熱，這樣才能更方便。

10　用啤酒杯來冷卻副食品

有一種塑膠製的啤酒杯，只要在夾層中裝水，放入冷凍庫冷凍後，取出裝冰啤酒就能維持啤酒的冰涼，算是一種保冷裝置。它原是大人的用品，可是我製作副食品時，偶爾會借來用一下。剛做好的副食品，通常要花一點時間才能放涼，如果直接加冰或加水降溫，料理又會變淡，等不及的寶寶常因此哭鬧。每當來不及時，我就把熱騰騰的副食品倒入這種啤酒杯裡，就能很快變涼，非常有效率。

外出時的寶寶副食品密技
配合不同時間、地點和場合

隨著寶寶月齡的增長，外出的機會也逐漸增加，外出時最重要的是保持寶寶平時的生活作息。因此，本單元要介紹在有別於平常的情境下，餵食副食品應注意的重點。

寶貝姓名：范志均
生　　日：2005年7月2日
拍攝日期：2006年4月26日

我家均均正在吃媽咪精心調配的蛋黃泥，邊吃邊玩，吃得滿嘴都是！

到鄰近地方篇

✿ 1.到附近的親友家

情境
· · · · ★ · · · ·

若恰好有親友家住在附近，爸媽常會帶寶寶當天來回到親友家玩。如果決定帶寶寶出門，要留意別打亂他平時的作息。「早上喝完奶出發，到親友家後再吃副食品」等，這種事先做好的計畫對寶寶十分重要，也能事先清楚該準備的食物份量。在出發前，若能事先告知親友寶寶的作息時間，讓他們先有心理準備，會更周到。

準備什麼食品？
· · · · ★ · · · ·

如果路程在一小時之內，可將自製的副食品裝在便當盒或保溫罐裡。另一個方法是

帶著事先準備好的食物，到親友家再加熱或簡單地烹調一下。若是食物較易腐壞的炎熱夏天，最好借用親友家的廚房來現場製作，或是使用市售嬰兒食品，會比較安全衛生。

途中為避免寶寶因肚子餓而哭鬧，最好帶著方便進食的嬰兒餅乾或土司等，以方便寶寶充飢。

禮貌
· · · · ★ · · · ·

即使是很熟的親友家，仍然要嚴守禮節。請記得隨身帶著圍兜、濕紙巾和保潔墊等用品，以防寶寶吃得到處都是，還能縮短清理的時間。

在陌生的情境下，寶寶有時會因緊張而影響食欲，這種情形十分常見，父母不需太在意。

✿ 2.到有孩子的朋友家

情境
· · · · ★ · · · ·

許多媽媽會帶著寶寶到朋友家去串門子，尤其是如果有年紀相仿的寶寶，更可以彼此交換許多對副食品的想法、菜色、嬰兒食品等資訊，是對育兒頗有助益的社交活動。但為了不打亂彼此寶寶的生活作息，一定要先聯絡好後再前往。

準備什麼食品？
· · · · ★ · · · ·

若只是在住家附近，將做好的副食品放在便當盒或保溫罐裡帶去就行了，或是帶直接可食的瓶裝嬰兒食品也很方便。冷凍乾燥調理包或殺菌鋁箔包裝的嬰兒食品，只

要向朋友借微波爐或熱水，瞬間就能完成，也是不錯的選擇。但前往之前，最好先禮貌詢問「去玩時可以借用微波爐嗎？」記得帶著寶寶慣用的餐具和圍兜，並且別忘記帶回家。

禮貌
· · · · ★ · · · ·

每個寶寶副食品的進食狀況各有不同，每個家庭的想法也互異，所以最好不要向對方說「在家我不讓寶寶吃嬰兒食品」、「怎麼還沒吃三次餐，這樣太遲了吧？」等這些負面、質疑的話，即使是很親近的朋友，也應該尊重彼此的育兒想法。

❀ 3.外出購物

情境
· · · · ★ · · · ·

偶爾爸爸媽媽也會帶寶寶去逛百貨公司，幾乎所有百貨公司都設有育嬰室，可以在那裡哺乳、幫寶寶換尿布，也多備有沖泡奶粉或嬰兒食品的熱水。育嬰室通常都和販售嬰兒用品的賣場位於同一樓層，不過出發前或抵達時最好還是先確認一下。

準備什麼食品？
· · · · ★ · · · ·

如果爸媽是準備倒入熱水即可食用的冷凍乾燥嬰兒食品，或直接可食的瓶裝嬰兒食品，就能輕鬆度過副食品時間。隨著寶寶月齡逐漸增加，帶寶寶去餐廳的爸媽，可從菜色中挑出豆腐、麵條、米飯和口味較清淡的蔬菜，切成好食用的大小，再讓寶寶吃。另外隨身帶著嬰兒餅乾或香蕉、土司等一些可立即可給寶寶吃的食品，外出時會更安心。

禮貌
· · · · ★ · · · ·

出發前先確認目的地是否有寶寶用餐的場所或設施，並避開交通的尖峰時刻。目的

連媽咪在吃芭樂也搶著要！

寶貝姓名：尤偉誠
生　日：2004年10月14日
拍攝日期：2005月5月23日

地的人不見得都喜歡小孩，不妨準備保潔墊或大毛巾等，以免弄髒周圍的環境，寶寶掉落的東西要立刻撿起，這些都是最基本的禮貌。也要事先準備毛巾、濕紙巾和圍兜。即使寶寶很能適應陌生的環境，也還是要注意儘量別打擾到別人。

❀ 4.到沒有孩子的朋友家

情境
· · · · ★ · · · ·

爸媽或許會帶寶寶到家中沒有小孩的朋友或親戚家玩，他們和有育兒經驗的祖父母或朋友不同，可能無法適應有寶寶在場的情況。在前去之前，最好先行計畫，以免造成朋友的負擔，或是破壞寶寶的正常生活作息。

準備什麼食品？
· · · · ★ · · · ·

這時可自製副食品裝入便當盒或保溫罐帶

著，或帶直接可食的瓶裝嬰兒食品也很方便。如果是借用朋友的微波爐或熱水，也可以帶冷凍乾燥或殺菌鋁箔包裝的嬰兒食品。另外，帶些寶寶立即可吃的水果或嬰兒餅乾等，哭鬧時便能派上用場。

禮貌
· · · · ★ · · · ·

不見得每個人都喜歡小孩，帶寶寶前往時，要注意別打擾到對方日常的生活。事先要聯絡並詢問對方「要製作寶寶的食物，方便借用熱水嗎？」此外，如果寶寶已能爬行或扶著走路時，要先請朋友暫時將危險的物品收起來，這點十分重要，雙方都能較為安心。一定要先準備圍兜和保潔墊等用品，以免寶寶吃得到處都是，弄髒了朋友家。拜訪時如果待太久，寶寶和朋友都會感到疲累，所以最好適時離去，以後才有再次拜訪的機會。

這是我的第一口布丁，吃完一口又一口，真是太好吃了，我還要我還要～

出遠門篇

❁ 1.當天來回的旅遊

情境

‥‥‥★‥‥‥

家人偶爾一起乘車出遊，不但能轉換心情，也能共度快樂的時光。讓好奇心旺盛的寶寶接觸外界，能給他正面的刺激。但是，長途旅程容易使寶寶感到疲倦，所以最好選擇車程約1～2小時可抵達的地方。事先規劃好，別破壞寶寶平時喝奶或進食副食品的節奏。不要一次就想「遊遍」所有的地方，要以寶寶的狀況作為優先考量。

準備什麼食品？

‥‥‥★‥‥‥

旅遊時，可自製副食品放入便當盒或保溫罐帶著，也可以善用市售的嬰兒食品。許多便利商店或高速公路的休息站等地方，都有提供熱水，所以也可讓寶寶吃冷凍乾燥的嬰兒食品。但是千萬別在車子行進間授乳或餵寶寶食物，因為一不小心寶寶可能會嗆到或嘔吐。原則上，一定要在車子停下來時才餵食或授乳。

禮貌

‥‥‥★‥‥‥

為了有愉快的旅程，一定要以安全為第一，兒童座椅一定要放在車子後座，儘量小心駕駛。在休息站或家庭餐廳等公共場所餵食時，最好先備妥保潔墊或濕紙巾，

以免寶寶吃得到處都是。另外，為預防寶寶突然哭鬧，不妨準備一些玩具，供寶寶玩耍。

❁ 2.到遠地的祖父母家

情境

‥‥‥★‥‥‥

農曆春節或連休假期時，爸媽經常會帶寶寶到爺爺奶奶或外公外婆家玩，這時要依據停留天數，以及搭乘的交通工具事先加以準備，到了當天才不會手忙腳亂。衣服、尿布等體積較大的物品，不妨事先請宅急便送過去，就能減輕旅途中的負擔。

準備什麼食品？

‥‥‥★‥‥‥

若要停留多天，可使用在祖父母家附近購買的新鮮食材，製作寶寶平時吃的餐點。隨身帶著慣用的副食品器具、餐具或食譜等，使用起來會比較順手。另外需特別留意，寶寶授乳或吃副食品的時間也要和平時一樣，不要亂了節奏。可趁著雙親或親戚幫忙照顧寶寶的空檔來烹調食物，或許反而比平時更輕鬆。

禮貌

‥‥‥★‥‥‥

有不少父母常困擾，祖父母喜歡給疼愛的孫兒吃甜點，或是將自己咬過的食物餵給

寶寶吃，尤其是當公公婆婆這麼做時，媽媽會感到很為難，不知該如何處理。這時不要直接對他們說「因為醫師這樣吩咐」，或許請爸爸代為表達會比較妥當。此外儘管是父母，也不能將家務或寶寶託給他們就不管了。

另外，父母代為照顧寶寶，別忘了一定要表達感謝之意。

❁ 3.在國內旅遊

情境

‥‥‥★‥‥‥

要外出旅行時，常情不自禁這裡也想去、那裡也想玩，可是如果行程安排太緊湊，爸媽和寶寶都會覺得累，所以行程最好安排得悠閒、輕鬆一點。重點是出發前先計畫好，寶寶授乳或餵食副食品的時間，都要一如平常。

準備什麼食品？

‥‥‥★‥‥‥

飯店或旅館很少會準備副食品，所以可以從大人的餐點中挑出豆腐、麵條、米飯或蔬菜等來餵寶寶，不足的部分再以嬰兒食品補充。準備立即可食的瓶裝嬰兒食品，或是只要有熱水就能沖泡的冷凍乾燥嬰兒食品，用起來都很方便。

或是選擇住在備有可自行炊煮廚房的民宿或旅館時，就能幫寶寶準備平時食用的副食品。

禮貌
···· ★ ····

預約飯店或旅館時，一定要表明自己會帶孩子前往，有些飯店可能會因此準備嬰兒食品。而且館方若先將寶寶容易弄壞的日用品或易碎品收拾起來，住宿期間就可免除額外的擔心。一步出房間，就要留意別讓寶寶的吵鬧聲打擾到其他的客人，事先備好玩具和嬰兒餅乾等食品，寶寶哭鬧時即可派上用場。另外別忘了帶著保潔墊或濕紙巾等，以備寶寶的需要。

✿ 4.到國外旅遊

情境
···· ★ ····

最近帶寶寶出國旅遊的人也日益增加，如果飛行時間太久，寶寶和爸媽都會感到疲憊，所以前往比較近、治安好的國家較恰當。事先和旅行社洽談，萬一寶寶在旅遊途中生病時，應該如何因應等問題，並先擬好計畫。機場大多設有育嬰室，事前多收集各大航空公司有關嬰兒的服務資訊，才能有順利的旅行。

準備什麼食品？
···· ★ ····

不同的航空公司，在機上會準備不同品牌的嬰兒食品或嬰兒餐點，事先先確認清楚。不過為顧及寶寶的腸胃適應等問題，最好也準備一些慣用的嬰兒食品。若前往先進國家，當地或許有販售嬰兒食品，但帶著適合寶寶發育情況的國產品或慣用的產品，旅途中會比較放心。若從大人餐點中分給寶寶吃，要注意選擇味道清淡的食物，並切成好食用的大小。

禮貌
···· ★ ····

不論是在國內外，帶寶寶出遊時應注意不要打擾到周圍的人。各航空公司在機上都會準備給寶寶玩的玩具，但若能帶2～3個寶寶平時習慣玩的玩具，比較能穩定他的情緒。有些國家的高級飯店會禁止帶嬰兒住宿，出發前要和旅行社諮詢清楚。

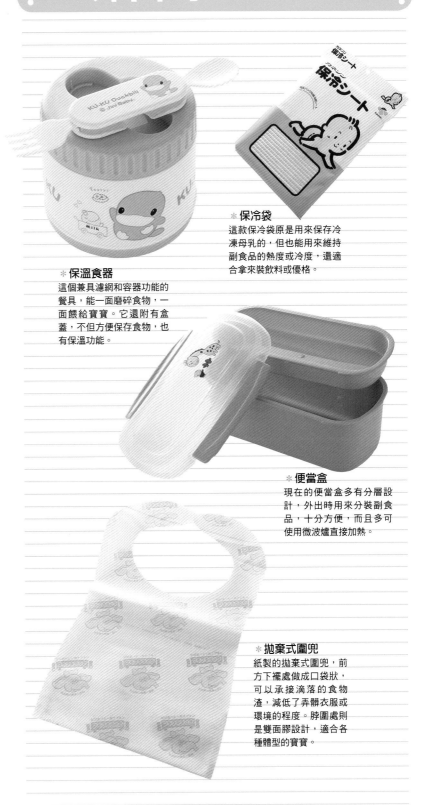

＊保溫食器
這個兼具濾網和容器功能的餐具，能一面磨碎食物，一面餵給寶寶。它還附有盒蓋，不但方便保存食物，也有保溫功能。

＊保冷袋
這款保冷袋原是用來保存冷凍母乳的，但也能用來維持副食品的熱度或冷度，還適合拿來裝飲料或優格。

＊便當盒
現在的便當盒多有分層設計，外出時用來分裝副食品，十分方便，而且多可使用微波爐直接加熱。

＊拋棄式圍兜
紙製的拋棄式圍兜，前方下襬處做成口袋狀，可以承接滴落的食物渣，減低了弄髒衣服或環境的程度。脖頸處則是雙面膠設計，適合各種體型的寶寶。

寶寶身體不適時的副食品

如果寶寶生病了，得儘快送醫就診，並遵從醫師指示服藥。除此之外，在家給予適當的照護也很重要。本單元將介紹寶寶身體不適時，餵食副食品的重點。

寶寶身體不適的徵兆

1 睡不著　　**2** 沒食欲　　**3** 情緒不佳、哭鬧

1. 因外出或旅行等環境改變
2. 習慣性的黃昏或夜晚啼哭
3. 有訪客等陌生人時怕生
4. 感到搔癢、不舒服
5. 因換尿布或洗澡時赤裸而感到不安

6. 口渴或肚子餓
7. 尿布濕了導致心情不好
8. 環境太熱或太冷
9. 想睡不能睡，睡前希望有人在身邊
10. 希望媽媽抱，想和媽媽一起玩

當寶寶出現以上三種徵兆時，請先觀察是否因為上列10種狀況引起，此時通常只要狀況解除或減輕，且稍加安撫之後，寶寶就沒事了。若非下列狀況引起不適的徵兆，且寶寶體溫在38度以上，無精打采或哭鬧不休時，為了慎重起見，就得儘快就醫。請不要自行判斷寶寶是「感冒」，一定要先就醫。

寶寶身體不適時的副食品3原則

① 多補充水分

要分多次少量給予，別一次給寶寶喝太多水

寶寶有發燒、腹瀉、嘔吐或食欲不振的情況時，身體會逐漸流失水分，寶寶會出現尿量變少，嘴唇乾裂等症狀，這時務必讓他多補充水分。可給寶寶喝開水、蔬菜湯、嬰兒用電解質飲料或蘋果汁等，只要寶寶想喝的都可以，但一次別給他喝太多，最好分多次，每次少量給予。

② 給易消化的食品

餵纖維和油分少的食物，勿刺激脆弱的腸胃

寶寶身體不適時，基本上不能再給他會加重腸胃負擔的食物，要餵一些好消化，也就是纖維、油分較少，不刺激腸胃的食品（便祕時仍要餵高纖食物）。病情好轉時，依序可餵些軟稀飯、軟麵條等碳水化合物，南瓜等纖維較少的蔬菜，脂肪含量少的雞肉、豆腐和白肉魚等，一點一點慢慢恢復成原來的飲食內容。

③ 烹煮得軟一點

寶寶就醫的同時，副食品要回到前一個階段

除了便祕之外的身體不適時，基本上副食品的硬度和大小要恢復成前一階段（例如第二階段則要回到第一階段），量也要減少。但是，每個寶寶的副食品進展狀況和症狀互有差異，最好能請教醫師。寶寶沒食欲時，若有補充水分就別太勉強他進食。在逐漸康復後，寶寶食量可能也會暫時減少，別心急，等他自然地恢復。

發燒

多補充水分，寶寶有食欲時餵給好消化的食物

寶寶發燒時，最重要的是讓他多補充水分。寶寶發燒後，流汗會使體內水分流失，很容易造成輕微脫水的現象。寶寶若沒有食欲，可暫時停止副食品，只是務必要多補充水分。

寶寶儘管發燒，卻仍然很有精神和食欲時，仍可餵食副食品。寶寶消化和吸收需耗費大量的熱量，發燒時比平時又消耗更多的熱量，為避免加重腸胃負擔，要多花點心思給寶寶好消化的食物。

發燒時餵食副食品的要點

1 選擇口感佳的食物
2 補充維生素和礦物質
3 充分補充水分

寶寶發燒沒食欲時，可餵他稀飯或湯等水分多、口感好的食品。寶寶怎麼也吃不下時，可少量餵點優格、嬰兒果凍或布丁等清涼爽口的食物。

發燒流汗容易流失體內的維生素和鉀、鈉等礦物質。讓寶寶多飲用果汁、蔬菜湯或嬰兒用電解質飲料等水分多、容易飲用又富含維生素和礦物質的飲料。

發燒時寶寶體內水分會迅速流失，可多補充開水、蔬菜湯、嬰兒用電解質飲料或蘋果汁等。不過不要一次讓他喝太多，每次只給一點，耐心地分多次飲用。

這種情況下要就醫 ·體溫高達38.5度以上時 ·有嘔吐等其他症狀時
·懶洋洋、無精打采

咳嗽
噁心嘔吐

少量慢慢餵給寶寶潤喉、水分多的食品

寶寶如果無法順利打嗝，常會發生吐奶或吐出食物的情形，如果寶寶精神好、臉色佳、又有食欲，即使嘔吐也不必太擔心。但是如果寶寶嘔吐、無精打采、臉色差，和平時有異時，就要立即就醫。

居家照護時的重點，是要讓寶寶多補充水分，寶寶嘔吐後，可用湯匙一點一點少量餵些嬰兒用電解質飲料、蘋果汁、開水等。當寶寶身體康復，在諮詢醫師後，就能先慢慢餵給寶寶一些水分多、潤喉的食物，再恢復成原來的飲食。

咳嗽、噁心嘔吐時餵食副食品的要點

1 暫停餵給副食品
2 一點一點慢慢補充水分
3 不要餵會刺激喉嚨的食物

吃了就吐，且狀況一直沒改善時，要依醫師指示暫停副食品。嘔吐情況平息後，若寶寶有食欲，可以先一點一點餵蘋果汁、湯類或米湯等。柑橘類水果容易引起咳嗽，要暫停食用。

若寶寶剛吐完，在補充水分時別太勉強。在嘔吐情況已平息後，再用湯匙一點一點少量餵他些水。千萬別用奶瓶或杯子一口氣喝太多水，要慢慢地邊餵邊觀察飲用的情形。

寶寶咳嗽時，為避免刺激已發炎的喉嚨，不可餵口味重、香味濃的食物。而應改餵水分多、滑細的食品，例如稀飯、軟麵條、煮軟的蔬菜等。

這種情況下要就醫 ·嘔吐後臉色差、睡不著 ·連水都吐出來
·嘔吐物中混有黃色液體

便祕

 ## 給予含大量食物纖維和水分的餐點以活化腸道

每個寶寶的排便頻率互有差異，即使次數少但能順利排出就不必擔心。但是在罹患感冒等身體不適時，腸胃功能變弱，水分又吸收不足，便易形成便祕。

因應便祕的基本對策就是補充水分，給寶寶比平時還多的開水或不甜的飲料等，並讓寶寶多吃高纖的薯類食物，以活化腸道功能。不規律的生活容易造成便祕，要讓寶寶充分地玩耍、在固定的時間餵奶或副食品，這些都是消除便祕的重要關鍵。

便祕時餵食副食品的要點

1 補充母乳和配方奶
2 餵食纖維含量高的食品
3 調整飲食內容和分量

剛開始吃副食品的寶寶發生便祕，有時是因為母乳或配方奶等水分補充不足所引起的。這時要多補充母乳、配方奶、果汁或蔬菜湯。

在副食品中，加入纖維質含量高的食材，例如碳水化合物類的薯類，蛋白質類的大豆，蔬菜類的菠菜與海藻類的海帶芽，都富含纖維質，另外也可以讓寶寶攝取柳橙等柑橘類果汁。

離乳中期寶寶便祕的原因，經常是因為餐飲量變少，或是吃太好消化的食物。少量甜食就會有飽足感，所以要限制寶寶食用的份量。另外要留意蛋白質攝取太多，也容易造成便祕。

這種情況下要就醫 ·持續嚴重便祕 ·肚子鼓脹、嘔吐、嚴重哭鬧
·肛門破裂、流血

腹瀉

 ## 就醫後一定要補充水分以免造成脫水現象

寶寶腹瀉很多是因感冒引起的。寶寶精神不濟、食欲不振時，不要勉強他進食。一定要看過醫師後，暫停副食品一段時間，再依醫師指示慢慢復食。

一般人常誤以為腹瀉時要控制喝水量，其實腹瀉會導致體內水分流失，很容易引起脫水現象，所以要多多補充水分。

若是暫時性的輕微腹瀉，只要補充水分就行了。不過冰涼的飲料容易刺激腸胃，所以要給予微溫的飲料較適宜。

腹瀉時餵食副食品的要點

1 特別要補充水分
2 好消化的食物
3 慢慢恢復原來的副食品

腹瀉會流失體內大量的水分，因此最重要的是補充水分。多讓寶寶喝開水或嬰兒用電解質飲料，避免餵食會刺激腸胃的乳酸飲料、柑橘類果汁或生冷食品等。寶寶如果有食欲，可以讓他吃副食品。建議餵食吃好消化的稀飯、軟麵條，含有膠質的蘋果和胡蘿蔔。暫時別給寶寶吃纖維含量高的蔬菜或是難消化的肉或魚類等較易刺激腸道的食物。

腹瀉情形經醫師診斷後，副食品要先退回前一階段的份量和烹調型態，等寶寶身體復原後，依照水分→碳水化合物→蔬菜→蛋白質的順序，一點一點慢慢地增加，直到恢復成原來的餐飲內容。

這種情況下要就醫 ·伴隨發燒、嘔吐 ·出現白濁水便或血便
·意識不清、哭聲微弱

食物過敏

自行判斷十分危險，若有令人擔心的症狀先就醫

所謂食物過敏，是寶寶吃了特定食品後，引起濕疹、蕁麻疹、腹瀉、嘔吐和氣喘等症狀的疾病。食物過敏判定上較為困難，因此最重要的是，寶寶如果出現上述令人擔心的症狀，就要儘速就醫診療。自己任意判斷後就限制寶寶的飲食，可能會阻礙寶寶的發育成長。經診斷若是因食物中毒引起，遵從醫師或營養師指示，日後要謹慎地餵食副食品。儘管寶寶曾食物過敏，但隨著成長，消化系統日趨成熟，抵抗力漸強，狀況幾乎都能改善，所以不必太擔心。

食物過敏時餵食副食品的要點

1 一定要就醫
2 記錄飲食內容和症狀
3 活用過敏專用的嬰兒食品

常聽到「寶寶吃蛋就出現濕疹，所以不讓他吃蛋」、「不希望寶寶對蛋過敏，所以不給他吃蛋」等說法，如果因此就限制寶寶餐點內容，對寶寶的發育成長十分不利。若寶寶出現令人擔心的異常症狀，一定要就醫看診，請醫師診斷。

平時請養成記錄的習慣，將1.何種食物及如何烹調、2.餵多少分量、3.寶寶出現什麼症狀等情況記錄下來，以供醫師參考。經過醫師檢查，診斷為食物過敏後，要遵照醫師指示慎重地限制飲食內容。有許多市售嬰兒食品，都能因應寶寶過敏情形，其中所含營養也很均衡，需要時可靈活運用。

這種情況下要就醫 ・出現濕疹、腹瀉、嘔吐等異常情形，而這些情況似乎和所吃食物有關

儘管沒生病
寶寶不吃飯的10大原因

❶ 食物硬度和大小不適合寶寶月齡
副食品如果太硬或太大，寶寶可能只吃一點點或是即接就吐出來。發現寶寶不願意吃時，要檢視烹調的狀態，將他不愛吃的食物，烹調成易食用的狀態。

❷ 因為生活作息不規律，無法有飢餓感
寶寶生活作息不定會破壞規律的飲食節奏，吃飯時間到了肚子還不餓，或在不該吃飯的時間喊餓，這時父母也應調整自己的生活作息，以免影響到寶寶。

❸ 飲食內容未配合季節氣候做適當調整
夏天給寶寶太熱的食物或冬天給太涼的食品，都會影響食欲。但並不是要很冰涼或很熱的食物，而是夏天稍微清涼、爽口，冬天則給和體溫差不多的食物。

❹ 寶寶沒有足夠的活動量，肚子不容易餓
寶寶若缺乏活動，即使拉長用餐間距，仍不會有飢餓感。有時要帶寶寶到公園玩，讓他有充分活動身體的機會。

❺ 進食時有其他讓寶寶分心的人事物
寶寶用餐時若將注意力放在大人的動作或玩具上，就無法順利進食。應該要關掉電視，收好玩具，讓寶寶有專心吃飯的環境。

❻ 太單調的餐點盛裝，引不起寶寶的興趣
即使菜色相同，有時可用可愛的模型切取或豐富地盛盤在卡通人物餐具上，寶寶看了會比較想吃，所以多花點心思搭配食物的顏色和盛盤的方式吧！

❼ 寶寶點心吃太多，影響正餐的食量
點心吃太多常導致寶寶不想吃正餐。甜點是用來讓寶寶享受飲食樂趣及補充營養的，所以如果寶寶不吃正餐，一定要斷然停止點心的供給。

❽ 經常變換用餐環境，讓寶寶感到不安
即使在熟悉的家裡，看到陌生人時，有些寶寶也會緊張得吃不下飯，雖然不太擔心，但外出或有訪客時，還是要確保寶寶用餐時間的一致性。

❾ 在嘗過大人的重口味餐點後，變得挑食
有不少人會將自己吃的料理或甜點，讓寶寶「吃一小口」，一旦嘗過重口味的料理後，寶寶就不太愛吃清淡的副食品了，所以要儘量避免。

❿ 食量的多寡與寶寶的個人特質有關
有些寶寶相較之下好像「吃得較少」，但就像大人也有飯量大和胃口小的差異，寶寶的食量也有別。如果寶寶精神好，體重也持續增加，就不必太擔心。

選對食物營養加分！

檢視88種寶寶副食品食物

※表格的閱讀法
1 第一階段（5～6個月）
2 第二階段（7～8個月）
3 第三階段（9～11個月）
4 第四階段（1歲～1歲3個月）
○ 可以慢慢地餵食
△ 適當烹調後可以餵食
× 不能餵食

第一階段
可放心食用

開始餵寶寶副食品時，許多媽媽常會煩惱「何時開始餵這種食物比較好呢？」
本單元特地挑選擇88種常見的食品，詳細檢視它是否適合作為副食品。

麵條

・麵條煮爛磨碎，從第一階段就能餵食。
・乾麵條雖含鹽分，但水煮後即能去除。油麵在第四階段較適合餵食。

1 ○ 2 ○ 3 ○ 4 ○

豆腐

・豆腐是不可或缺的萬能副食品。富含優質蛋白質，很方便料理。
・使用前先用沸水快煮一下。

1 ○ 2 ○ 3 ○ 4 ○

水果

・除了柑橘類，幾乎所有水果都能從第一階段開始餵食。
・選購新鮮水果，處理成好食用的狀態。

1 ○ 2 ○ 3 ○ 4 ○

冷凍三色蔬菜

・加熱後充分磨碎，這類食品從第一階段開始就能使用。沒有蔬菜時，十分方便。
・豌豆的薄皮要剝除。

1 ○ 2 ○ 3 ○ 4 ○

優格（無糖）

・使用無添加砂糖或水果的純優格。
・不要直接餵食，建議用來調拌其他食品較宜。

1 ○ 2 ○ 3 ○ 4 ○

第一階段
可少量食用

起司粉

・少量使用作為調味，第一階段就能使用。
・因為含有鹽分，不可使用太多。

1 △ 2 △ 3 △ 4 △

海苔

・若是燒海苔，從第一階段就能開始餵食，只需泡水就會變得黏糊。
・調味海苔因含鹽和糖分等，要儘量避免。

1 △ 2 △ 3 △ 4 △

豆奶

・無糖豆奶可從第一階段開始用於料理中，直接飲用則最好等到第四階段以後。
・不宜用來取代奶粉。

1 △ 2 △ 3 △ 4 △

砂糖

・水果或蔬菜中就有自然的甜味，所以要儘量控制砂糖的用量。
・各階段每天的使用量請參考P.20、34、48、68。

1 △ 2 △ 3 △ 4 △

油・奶油

・使用植物性油脂比動物性油脂好。建議用膽固醇含量較低的橄欖油。
・含鹽奶油要留意用量。

1 △ 2 △ 3 △ 4 △

第二階段
可放心食用

麥片

・麥片是極佳的副食品，含豐富鐵質和鈣質，好消化。
・因含豐富纖維，適合從第二階段餵食。

1 ○ 2 ○ 3 ○ 4 ○

玉米片（無糖）

・無糖玉米片可自第二階段開始餵食。不但好消化，還能長期保存。
・一定要選擇沒有添加水果或砂糖的產品。

1 × 2 ○ 3 ○ 4 ○

義大利麵・通心麵

・義大利麵類因為較Q韌、堅硬，所以要以包裝上標示時間的兩倍時間來煮。
・煮軟後再磨碎或切碎。

1 ○ 2 ○ 3 ○ 4 ○

白肉魚（如鱈魚、比目魚、鯛魚）

・白肉魚脂肪含量少，自第一階段就能開始餵食。
・要仔細剔除魚皮和魚刺並搗成泥狀，以利寶寶吞嚥。

1 △ 2 ○ 3 ○ 4 ○

紅肉魚（如鮭魚、鮪魚）

- 寶寶習慣白肉魚後，就能開始餵紅肉魚。
- 要仔細剔除魚皮和魚刺，磨成泥。

1 △ 2 ○ 3 ○ 4 ○

魩仔魚

- 鹽分含量較高，要用水先煮過，或用沸水汆燙以去除鹽分。
- 磨細後，可從第一階段後半開始餵食。

1 △ 2 ○ 3 ○ 4 ○

海帶芽

- 若是鹽漬海帶芽，要充分清洗再使用。
- 富含礦物質，若充分熬煮成糊狀，從第一階段開始就能餵食。

1 △ 2 ○ 3 ○ 4 ○

加工起司

- 含良質蛋白質和鈣質，是可讓寶寶多多攝取的食品。
- 含有鹽分，請挑選低鹽的產品，並注意別餵得太多。

1 × 2 ○ 3 ○ 4 ○

蓮藕、牛蒡、竹筍

- 要先充分除去澀味，最好是煮到軟爛或磨碎後再使用。
- 從大人餐點中挑出時，建議煮成燉煮等水分多的料理。

1 × 2 ○ 3 ○ 4 ○

菇類

- 充分煮爛、磨碎，在第二階段就能使用。
- 含有豐富纖維。烹煮時釋出的湯汁，也很適合飲用。

1 × 2 ○ 3 ○ 4 ○

第二階段
可少量食用

鮮奶油

- 含大量脂肪，除烹調時少量使用外，並不建議食用。
- 嬰兒食品白醬則可製成燉煮或焗烤料理。

1 × 2 ○ 3 ○ 4 ○

鹽

- 副食品要讓寶寶認識食材的味道，所以不需加鹽。
- 即使要加也要很少量，以免增加寶寶的腎臟負擔。

1 × 2 △ 3 △ 4 △

醬油

- 1小匙醬油約含0.9g的鹽分，要儘量限制用量。
- 若要使用只加1滴就夠了，因為只是增加香味而已。

1 × 2 △ 3 △ 4 △

味噌

- 鹽分含量高，少量使用增加風味即可。
- 若是大人喝的味噌湯，要用熱水先稀釋至3～4倍。

1 × 2 △ 3 △ 4 △

酒（烹調用）

- 酒嚴禁作為寶寶的飲料。
- 若是調味使用，少量無妨，但要讓酒精完全揮發。

1 × 2 △ 3 △ 4 △

自來水

- 自來水一定要煮沸放涼，再給寶寶飲用。
- 若是淨水器的水，最好自第二階段以後才直接飲用。

1 × 2 △ 3 △ 4 △

醋

- 不須特別禁止使用醋，但寶寶可能不太喜歡那股酸味。
- 若寶寶能接受，從第一階段開始就可少量使用。

1 × 2 △ 3 △ 4 △

第三階段
可放心食用

蛋（雞蛋）

- 蛋白較易引起過敏，所以剛開始先從1/2湯匙的蛋黃開始餵起。
- 全蛋自第三階段後半再開始餵食。

1 △ 2 ○ 3 ○ 4 ○

雞肉

- 先從脂肪少的雞胸肉開始。
- 因乾乾的口感寶寶很難吞嚥，一定要磨細後再餵食。

1 × 2 △ 3 ○ 4 ○

肝臟（雞肝）

- 最好使用新鮮雞肝。
- 可以直接使用肝臟製成的嬰兒食品，省下烹調時間。

1 △ 2 △ 3 ○ 4 ○

牛肉

- 等寶寶習慣雞肉或雞肝後，再開始餵食牛絞肉。
- 選擇脂肪少的瘦肉，煮到軟爛得像快散掉般再餵食。

1 × 2 × 3 ○ 4 ○

豬肉

- 即使是瘦肉，脂肪含量都較高，最好是第三階段再開始餵食。
- 最好從絞肉開始餵起。

1 × 2 × 3 ○ 4 ○

火腿

- 若是脂肪含量少、無添加物的火腿，可自第三階段後半少量餵食。
- 用水煮等方式加熱再餵食。不宜吃太多。

1 △ 2 × 3 ○ 4 ○

青魚（如沙丁魚、秋刀魚）

- 含有對人體有益的魚油。
- 易敗壞，一定要選購新鮮的魚貨。

1 × 2 × 3 ○ 4 ○

牡蠣

- 富含蛋白質，加熱後仍十分柔軟，是最適合作為副食品的貝類。
- 購買新鮮的優良牡蠣，並且要充分煮軟。

1 × 2 × 3 ○ 4 ○

鮪魚罐頭

- 最好選購無鹽、無油魚罐頭。
- 若是油漬鮪魚罐頭，最好先用紙巾充分吸除油分，再少量使用。

1 × 2 △ 3 ○ 4 ○

鮮奶

- 可以在水煮料理中加入少量鮮奶。
- 若要直接飲用，得等到寶寶1歲之後，並先稍微溫熱再飲用。

1 × 2 △ 3 ○ 4 ○

豆腐皮

- 用沸水汆燙去除多餘油脂，剁細。
- 其實豆腐營養就可取代，不一定要使用豆腐皮。

1 × 2 × 3 ○ 4 ○

油豆腐

- 豆腐能完全取代相同的營養，並不一定要使用。
- 需用沸水汆燙去除油脂，切成易入口大小再餵食。

1 × 2 △ 3 ○ 4 ○

山藥

- 山藥可能使寶寶嘴邊起疹子，請特別留意寶寶食用後的狀況。
- 生山藥泥則約在1歲半以後才可餵食。

1 × 2 △ 3 ○ 4 ○

第三階段
可少量食用

番茄醬

- 番茄醬鹽分很高，即使在第三階段，一次也要限量在1小匙以下。
- 若是無鹽番茄糊，自第一階段就可使用。

1 × 2 △ 3 ○ 4 ○

市售醬汁

- 醬汁中含有多種香料，味道也較濃烈，要留意用法。
- 在第三階段的後半，可在料理中滴數滴作調味。

1 × 2 × 3 ○ 4 ○

大蒜、生薑

- 對寶寶的腸胃太刺激了，所以要少量。
- 若從大人料理中挑出的食物混有少許，第三階段開始餵食倒無妨。

1 × 2 × 3 △ 4 △

胡椒

- 可增進食物風味，在第三階段以後極少量使用無妨。
- 若是從大人餐點中挑出來的食物，含有少量無妨。

1 × 2 × 3 △ 4 △

美乃滋

- 宜少量使用。
- 因為是用生蛋製作的，最好使用在煎炒等加熱料理中。

1 × 2 × 3 △ 4 △

咖哩粉

- 建議在變化料理味道或增進寶寶食慾時才利用。
- 因為對腸胃刺激較強，建議微量使用。

1 × 2 × 3 △ 4 △

乳酸飲料

- 有些含有極高的糖分，並不建議飲用。
- 在不影響餐點和授乳的狀況下，可以久久餵食一次。

1 × 2 × 3 △ 4 △

礦泉水

- 如果是市售嬰兒礦泉水，給寶寶喝無妨。
- 寶寶若攝取太多大人用的礦泉水，會對身體造成負擔，要特別留意。

咖哩速食包（大人用）

- 即使是甜口味的咖哩，對寶寶而言刺激仍太強。
- 最好只用一點點的量來增加菜色風味。

1 × 2 × 3 △ 4 △

冷凍調理食品

- 大都含有大量調味料和添加物，最好避免餵食。
- 用熱水稍微燙洗，可少量餵食，但要避免經常食用。

1 × 2 × 3 △ 4 △

調味包、鮭魚片

- 這類食品口味重，也有添加物，不建議給寶寶食用。
- 若是在稀飯裡混入少量調味，自第三階段可使用。

1 × 2 × 3 △ 4 △

醃漬品

- 含大量鹽分，且恐有食物過敏之虞，最好避免。
- 若用沸水煮過、切碎，自第四階段才可餵食極少量。

1 × 2 × 3 △ 4 △

布丁

- 市售布丁含大量糖分、脂肪和添加物，要控制在少量。
- 若是自製或嬰兒食品的布丁等，可自第三階段食用。

1 × 2 × 3 △ 4 △

第四階段
可放心食用

培根

- 因含較多的脂肪和鹽分，一定要用水煮掉一些鹽分和油分後，再進行烹調。

1 × 2 × 3 ○ 4 ○

蝦、魷魚、章魚、螃蟹

- 加熱後會變硬，且易致過敏，第三階段才少量餵食。
- 選購新鮮的烹調，並務必同時觀察寶寶的食用情形。

1 × 2 × 3 △ 4 △

貝類（如蛤蜊）

- 雖然營養價值頗高，但不易吞嚥，且加熱後變得更硬。
- 生貝類可能含有病毒或細菌，千萬不可直接餵食。

1 × 2 × 3 ○ 4 ○

魚板

- 含鹽量高，且是以蛋白為原料，最好少量餵食。

1 × 2 × 3 ○ 4 ○

香草香料

- 副食品以供給營養為主，並不需要加這類香料，寶寶可能也不喜歡。
- 從大人料理中挑出的食物混有少量無妨。

1 × 2 × 3 △ 4 ○

100%純果汁

- 加開水稀釋或只是少量加入料理中，自第二階段就能開始使用。
- 蔬菜汁或番茄汁一定要選不含鹽分的。

1 × 2 △ 3 △ 4 ○

海苔醬

- 含有大量鹽分和添加物，最好別給寶寶吃太多。
- 可以在稀飯或湯裡加入極少許的量增加食物風味。

1 × 2 △ 3 △ 4 ○

第四階段
可少量食用

速食湯品

- 速食湯品含大量鹽分和添加物，可加水稀釋少量餵食。
- 最好能給寶寶喝嬰兒食品的湯類或自製的濃湯較好。

1 × 2 × 3 × 4 △

香腸

- 含有較多的添加物，要掌握少量的原則。
- 含有較多鹽分和脂肪，請先用水煮過。

1 × 2 × 3 × 4 △

蜂蜜

- 蜂蜜易含有肉毒桿菌和可能引起寶寶食物中毒的雜菌。
- 在寶寶還沒有足夠抵抗力的一歲以前，不可餵食蜂蜜。

1 × 2 × 3 × 4 ×

高湯粉・鮮味調味料

- 含鹽分和味精等添加物，還是儘量使用自製的高湯或嬰兒食品，會比較放心。

1 × 2 × 3 × 4 △

碳酸飲料

- 糖分含量極高，要避免寶寶喝上癮。
- 即使第四階段，最多只能給一口的量。

1 × 2 × 3 × 4 △

含果汁的飲料

- 含糖分和香料等添加物，一歲前要避免。
- 可讓寶寶喝嬰兒食品的果汁，或自己榨取稀釋後的新鮮果汁。

1 × 2 × 3 × 4 △

運動飲料

- 可餵食嬰兒用電解質飲料。
- 大人的運動飲料會對寶寶身體造成負擔，不宜飲用。

1 × 2 × 3 × 4 △

市售茶飲

- 罐裝或保特瓶裝的綠茶或烏龍茶中，含有咖啡因及添加物，要避免。
- 可飲用嬰兒食品的茶飲。

1 × 2 × 3 × 4 △

奶昔

- 含大量糖分和添加物，也太冰涼，不建議讓寶寶飲用。
- 第四階段以後，最多只餵食一口的量。

1 × 2 × 3 × 4 △

咖啡・紅茶

- 含有大量咖啡因，對寶寶的刺激性太強，要避免飲用。
- 一歲以後，用熱水或鮮奶稀釋後，才可餵食極少的量。

1 × 2 × 3 × 4 △

可可

- 含有糖分和咖啡因，不建議讓寶寶飲用。
- 若要餵食，可用開水稀釋，少量餵食。

1 × 2 × 3 × 4 △

漢堡

- 市售漢堡含有大量的鹽、油和添加物，儘量避免食用。
- 若是媽媽親手製作的，自第四階段以後才能餵食。

1 × 2 × 3 × 4 △

披薩

- 使用許多香料且鹽分高，對寶寶太刺激，儘量別餵食。
- 若一定要吃，要除去餡料和醬料，只餵極少的量。

1 × 2 × 3 × 4 △

炸雞

- 市售炸雞通常過鹹，使用炸油品質堪慮，要避免食用。
- 若是媽媽自製的，除去麵衣並將肉切成好食用的大小。

1 × 2 × 3 × 4 △

炸薯條

- 市售薯條含大量油分和鹽分，且炸油品質堪慮，最好不要食用。
- 若是媽媽自製的，可自第四階段餵食。

1 × 2 × 3 × 4 △

三明治

- 鹽分含量高，且含有許多的美奶滋和芥末醬，不建議讓寶寶吃。

1 × 2 × 3 × 4 △

御飯糰

- 含大量鹽分，餡料中也有許多美奶滋和鹽分，且多數有防腐劑等添加物，很不適合寶寶食用。

1 × 2 × 3 × 4 △

壽司

- 包有生海鮮的壽司，恐有中毒之虞，要避免食用。
- 豆皮壽司、蛋壽司等，自第四階段可少量餵食。

1 × 2 × 3 × 4 △

蛋糕

- 糖分和油脂含量極高，儘量不餵食。
- 第四階段以後若要餵食，最好只餵1～2口就好。

1 × 2 × 3 × 4 △

巧克力

- 含大量糖分，甜味重，寶寶可能會上癮。
- 若要餵食，自第四階段以後，要控制在偶爾只給極少的量。

1 × 2 × 3 × 4 △

絕對不適合的食物

蓋飯

- 蓋飯通常加有半熟蛋，恐造成寶寶食物中毒或引起過敏，並不適合寶寶食用。

1 × 2 × 3 × 4 ×

泡麵

- 含有大量的鹽分、油分和添加物，儘量別給寶寶吃。
- 大人最好養成在寶寶看不見的地方食用的習慣。

1 × 2 × 3 × 4 ×

泡菜

- 雖然可在第四階段將極少量的泡菜用水充分清洗、切碎後，混入稀飯中，但最好還是避免。

1 × 2 × 3 × 4 ×

冰淇淋

- 含大量糖分和脂肪而且太冰，會刺激寶寶腸胃，最好不要餵食。
- 第三階段以後可偶爾餵食極少量。

1 × 2 × 3 × 4 ×

果凍

- 凝膠類食品恐會引起寶寶過敏，避免在嬰兒期餵食。
- 蒟蒻果凍不易嚼爛，易卡在喉嚨，千萬別給寶寶吃。

1 × 2 × 3 × 4 ×

零食

- 含有大量的鹽分、糖分和油脂，不適合給寶寶食用。
- 可以用自製蔬菜片或嬰兒餅乾來取代。

1 × 2 × 3 × 4 ×

棒棒糖・糖果

- 含有非常多的糖分，易造成寶寶蛀牙。
- 不小心吞下去，會有嗆住的危險，在嬰兒期一定要避免餵食。

1 × 2 × 3 × 4 ×

芥末醬・辣椒粉

- 辣味太重、太過刺激，即使少量寶寶也無法接受。
- 從大人餐點中挑出的食物要特別避免混有這類調味品。

1 × 2 × 3 × 4 ×

副食品TIPS

解答各階段副食品的疑問

「這種食物可以給寶寶吃嗎？」「寶寶好像吃得太少了？」「這樣吃夠不夠營養呢？」
媽媽剛開始餵寶寶吃副食品總有許多疑問。本單元將解答這些疑惑和擔心。

哇！
寶寶想吃
副食品了♥

寶貝姓名：許韶元
生日：2005年9月29日
拍攝日期：2006年3月29日

小朋友學我自己用湯匙喝麵吧！
啊！錯誤示範！

寶貝姓名：王薇琳
生日：2005年3月2日
拍攝日期：2006年3月4日

餵食法和進食法

寶寶要慢慢開始吃副食品了！但是要先餵哪些食物，如何循序漸進比較好呢？這裡將針對副食品的餵食法和進食法，解答新手媽媽們常有的疑惑。

 別勉強寶寶喝不喜歡的飲料。

寶寶到了副食品階段，雖然可慢慢餵些果汁等飲料，讓他習慣母乳或配方奶以外的味道，但是並不需要勉強他喝討厭的飲料，那些並不是絕對必需的營養，給寶寶喝足母乳和配方奶，就能攝取足夠的水分。趁夏天或寶寶大量流汗時，稍微餵一點開水、果汁給寶寶喝，如果他很口渴，應該就會願意喝。

 **如果寶寶餐前想喝奶，可以給予少量。**

一般都是在寶寶喝奶前空腹時餵副食品，吃過後，若還想喝奶再給他喝。但是，有些寶寶是飯前稍微喝點奶，才能安靜地吃飯，所以飯前稍微喝一點沒有關係。但是如果喝太多肚子飽飽的，就會吃不下副食

品，所以飯前最多只讓他喝50c.c.就好。另外有些寶寶會因為肚子太餓，不耐煩慢慢吃副食品，而只想要趕快喝奶，這時請試著調整時間，在平時授乳前的30分鐘餵寶寶吃副食品。

 寶寶不想吃副食品時，暫停幾天再餵食。

對於原本只知喝母乳和配方奶的寶寶來說，要他們吃副食品是有點困難，碰到寶寶拒絕吃副食品的情形，請先暫停餵食3～4天。媽媽也暫時忘掉副食品，放輕鬆點吧！剛開始餵吃副食品，媽媽總是很緊張，但媽媽如果緊張兮兮，寶寶怎麼可能還吃得下去？離乳期大約到一歲六個月時結束，所以最好配合每個寶寶不同的成長步調。心情放輕鬆一點，隔幾天再餵寶寶吧。

 寶寶餐後嘔吐的處理方式。

請仔細觀察寶寶是在怎樣的狀況下嘔吐的。嘔吐的原因很多，有可能是吃太多或是無法順利吞嚥，有時是吃了特定的食物才吐。餵食的速度試著放慢一點，或是把副食品煮得更軟一點。寶寶若是吃了特定的食物才吐，有可能是食物過敏，記錄下他吃了什麼、吃多少才有嘔吐情形，再帶寶寶就診看醫。如果沒發現特別的因果關係，寶寶也若無其事、精神很好，就不必太擔心。

餵食初期寶寶難以吞嚥時，先不要慌張。

有些寶寶可能一開始難以吞下副食品，此時先檢查副食品的柔軟度，也許您餵的副食品裡有許多較硬的顆粒，要將它再磨

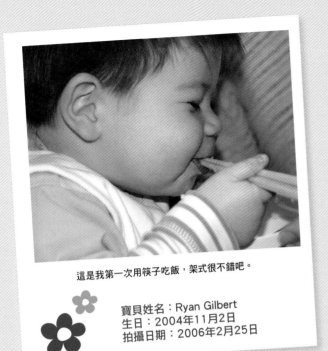

這是我第一次用筷子吃飯，架式很不錯吧。

寶貝姓名：Ryan Gilbert
生日：2004年11月2日
拍攝日期：2006年2月25日

細軟一點，讓寶寶更容易吞嚥。即使很少量，但只要食物裡有顆粒，寶寶都無法吞嚥。另外，也有些寶寶較不擅吞嚥，但無論如何，寶寶誕生後首次要吃固態食物，也需要練習的時間，寶寶才剛剛開始學習，爸媽不要著急，讓他慢慢適應。

副食品的形態
要配合寶寶的咀嚼力。

寶寶吃的食物如果太軟，因為不用嚼，便會立刻吞下。相反地如果食物太硬，他無法嚼也會直接嚥下。所以如果寶寶未咀嚼就一口嚥下，請檢視副食品的軟硬度是否配合寶寶的咀嚼力。此外，有食欲但不擅咀嚼的寶寶，在肚子太餓時，也會直接吞下食物。請花點心思縮短寶寶進餐的間隔時間。餵寶寶吃時，一匙一匙慢慢地送入他的口中，最好還一面對他說「慢慢地吃呀！」等叮嚀的話。

食量因人而異，
可視發育情況調整餵食次數。

有些寶寶在餵食副食品初期，吃得很少，不少媽媽很擔心，這時先檢視寶寶的授乳量是否太多，或是授乳後才餵副食品，若

是這樣不妨先調整。如果仍然吃得很少，那麼寶寶可能天生食量較小，可以一天改吃兩次。寶寶下顎的肌肉因為還未發育完全，蠻難一次吃下媽媽所預期的量，如果分成兩次來餵，有的寶寶一天總進食量反而會增加。如果寶寶體重平穩地增加，精神也很好，就不必掛心。

寶寶的食欲與食量
不會都一樣。

寶寶也像大人一樣，食欲會因心情而時好時壞，所以不要以為他的食量都會保持一定。縱使寶寶某一次的食量變小，但一天所吃的總量也可能增加了，不要以寶寶每一餐吃或不吃來判斷，而要以一天的總量來計算。另外，寶寶吃不下也可能是因為第一次和第二次用餐的間隔太近，所以請再次檢視餐點時間的安排是否恰當。

請重視早、中、晚
三餐的規律。

寶寶體重若有明顯地增加，即使少吃也沒關係，我們能了解媽媽想讓寶寶多吃一點的心情，但是並不贊成隨意增加副食品的次數。與其如此，還不如讓寶寶每一餐都

能好好地吃，不要破壞用餐的節奏，花點心思慢慢增加三餐的量。每一餐之間要有充分的間隔時間，或者帶寶寶出去玩等，讓他感到肚子餓，都是改善的辦法。

調整副食品
一日餵食次數的時機。

每個寶寶進食能力和食欲各有不同，因此開始一天吃三次餐的時間點也不同。請別著急，一面觀察寶寶的狀況，一面循序漸進地進入三次餐的階段。可以開始的大致標準是，寶寶嘴巴好似在咀嚼般動來動去，一副很想吃的樣子。如果寶寶一次可吃下兒童專用碗一碗的份量，就能慢慢地讓他一天開始吃三餐了。

固定一日三餐，
初期食量銳減不必擔心。

請不必擔心！寶寶剛開始吃三次餐時，很少有人能全部吃完的。寶寶在養成進餐習慣的過程中，有時會一時食欲不振，有時三次餐中，不太吃其中的一、二次餐點。寶寶大約十個月大以後，才要設法讓他每天固定吃三次餐，在此之前別強迫他吃，心情放輕鬆，好好地照顧他就行了。

副食品倦怠期
請不要勉強他吃。

寶寶吃副食品一直很順利，但突然間不吃了，這種情形其實很常見。寶寶的智能日漸成長，對吃以外的事物也逐漸產生興趣，所以吃飯時很容易分心。經過一至兩個月之後，他自然又會開始吃了，這時請別強迫。寶寶這時味覺也逐漸變敏銳，別忘了檢視一下菜色是否太單調、食物狀態是否適合，在食材、烹調法或盛盤方式等方面多點變化。

如果會影響餐點的攝取
要減少點心量。

點心是為了補充早、中、晚三次副食品所不足的營養，並不是一定得吃的正餐。一

定要先讓寶寶好好地吃三餐，點心要在用餐的兩個鐘頭前吃完，如果這樣仍會影響寶寶吃正餐的胃口，就得減少點心的量。若寶寶仍然想吃點心，不妨少量給他蒸薯類或蔬菜棒等一些具有餐點營養的食物。

生病後食欲不振，千萬不要強迫進食。

寶寶生病時，普遍食量都會變小，而且康復後，也很少有人能立刻恢復，勉強他吃反而會造成反效果。這時候請媽媽先暫時忘記餐點，和寶寶一同嬉戲共度快樂的時光吧。在此過程中，寶寶會自然地恢復食欲。不過即使食欲恢復，因為咀嚼力和消化力可能都變弱了，所以副食品要暫時回到前一個階段，讓寶寶較容易進食。

寶寶討厭的食物要多花點巧思。

寶寶討厭某些食物，原因幾乎都是難吞嚥或不習慣它的口感。這時請在烹調方式和菜色上多花點心思，讓寶寶更容易食用。此外，這時寶寶也漸漸形成希望獲得讚美的意識，如果吃了討厭的食物，不妨很自然地讚美他「寶寶好棒喲，都吃光光了」，這樣能讓寶寶以後願意吃這種食物。此外，媽媽也可以在寶寶面前，吃著他討厭的東西彷彿很好吃的樣子，以此方式來引誘他吃。

稍微寬容寶寶用手抓食物。

寶寶對食物也是充滿好奇心的，所以常會用手揉捏盤裡的食物，邊吃邊玩，一般大概都在他吃飽之後，因此稍微寬容看待吧！千萬不要嚴厲叱責。不過，為了讓寶寶能清楚區分遊戲和吃飯時間，可以將吃飯時間訂為30分鐘左右，時間一到立刻收走食物，讓寶寶漸漸習慣在規定的時間內用餐完畢。

關於寶寶「吃很慢」這件事。

寶寶大致用餐的時間是在20分鐘以內，但有些寶寶食欲雖然不錯，吃一碗飯卻要花半個鐘頭以上的時間。對於吃飯很慢這件事，本身並沒什麼不對。寶寶吃飯時間拖得很長，可能是性格所致，媽媽不必著急，或許食物中多加點水分，花點心思讓寶寶更容易吞嚥。

用玩具湯匙來引起寶寶的興趣。

寶寶出生後放入口中的東西，像媽媽的乳頭或奶瓶的奶嘴等，都是柔軟好吸吮的，所以一開始餵食副食品時，他很可能被湯匙的觸感嚇到，而不喜歡使用。不妨暫時拿玩具湯匙讓他握拿，或許會比較習慣。有些寶寶不喜歡金屬材質的冰冷觸感，試著將湯匙換成觸感較佳的樹脂製或木製材質，或者換成小一點的湯匙試試。

給與讚美以激發寶寶進食的欲望。

寶寶曾經伸出手想自己吃飯，您因為怕弄髒而阻止他嗎？如果有的話，寶寶或許會因此打消自己吃飯的念頭，只願意大人餵

食哦。如果是這樣，在寶寶肚子不餓時，在他面前放個盤子觀察他一下。如果他伸出手來，要立刻讚美他「好棒喲，自己會吃飯」，這點十分重要。此外，寶寶這時若還無法順利用湯匙，媽媽可以扶著他的手，幫他把食物送入口中。

重要的是養成寶寶想自己吃的意願。

儘管媽媽看到寶寶吃得到處都是會有點心煩，但媽媽一定要呵護寶寶這份想自己吃飯的意願，別扼殺了這種自發的精神。讓寶寶進餐前，先在餐點下鋪上報紙或塑膠墊，不管寶寶撒落得多嚴重，事後都能輕鬆收拾，這樣媽媽的心情也會比較輕鬆。

肥胖和體重增加是兩碼子事。

有些寶寶胃口很好、吃很多，媽媽不免擔心他會變成小胖子。其實肥胖和體重增加是兩碼子事。幼兒期肥胖雖然要注意，但是如果不是太極端的情形，都不必太擔心。如果還是不放心，不妨向醫師諮詢，並限制餐點內容中碳水化合物（米飯、麵包和麵等）和脂肪的份量。多數的寶寶開始爬行或走路後，運動量增加，自然就會變瘦，請媽媽別太擔心。

寶貝姓名：陳正恩
生日：2005年5月26日
拍攝日期：2006年2月18日

寶寶姓名：黃柏諺
生日：2005年7月2日
拍攝日期：2006年4月26日

烹調方法和食品

「我想烹調一些基本的副食品給寶寶吃」、
「我想讓寶寶吃各種食物，但又擔心他拉肚子或食物中毒……」
本單元將針對副食品的具體烹調法和食品，詳細解說相關疑問。

喔～～這是甚麼碗糕？
怎麼這麼難吃啊？

寶貝姓名：郭晏妤
生日：2005年1月17日
拍攝日期：2005年7月

不要給寶寶喝市售100%果汁。

市售的100%果汁是給大人喝的飲料，味道比較濃，對寶寶來說含有太多的糖分，也有添加防腐劑的疑慮，因此最好不要給寶寶喝。若覺得榨汁麻煩，不妨給寶寶可直接飲用的瓶裝嬰兒食品果汁。

要選擇沒有咖啡因的麥茶或稀釋的茶飲。

因為麥茶中沒有咖啡因，直接給寶寶飲用並無妨，嬰兒食品的茶飲當然也可以給寶寶喝。但是大人所喝的綠茶或紅茶，因為含有大量的咖啡因，如果一定要給寶寶喝的話，一定要用10倍的開水加以稀釋。

最好避免使用大人食用的鮮味調味料。

市售的鮮味調味料本身，儘管沒有含特別有害人體的成分，但最好還是避免使用。市售的高湯粉含有鹽分和添加物，高湯塊中也有辛香料，都是寶寶目前不需要攝取的。若覺得熬煮高湯有些麻煩，不妨使用只要加入開水就能餵食的嬰兒食品高湯和湯類。另外，大量製作後冷凍保存也是一個方法。

用罐頭食品製作副食品要注意油分和糖分。

鮪魚或鮭魚罐頭等含有許多油分，要先用

寶貝姓名：花生米
出生日期：2003年12月12日
拍攝日期：2005年1月9日

熱水燙洗充分去除油分，可選用水煮等產品。水煮番茄罐頭可用來煮湯或製作醬汁，不過要先徹底剔除種子。水果罐頭的浸漬液中含有許多糖分，最好偶爾才少量使用，它並非理想的副食品食材。任何罐頭一旦開封，吃剩的別再放在鐵罐中，一定要倒入其他容器中保存。

沒吃過的副食品放冰箱冷藏能保存一天。

出生後六個月大的寶寶，雖然逐漸成長，但從媽媽腹中獲得的免疫力也逐漸喪失，所以要特別注意食品衛生。以新鮮食材製作的副食品，最好當天吃完，寶寶吃剩的食物中已混入唾液，易繁殖細菌，不要再放到隔天。如果寶寶食用前分取後剩下的，放入冰箱約可保存一天，但是舀出時要使用乾淨的湯匙和容器，隔天也一定要先煮過再食用。

副食品冷凍約可保存一週，充分微波後具殺菌作用。

大人吃的食品約可冷凍保存一個月，但是

寶寶副食品的新鮮度極為重要，所以最多只可保存約一週。冷凍保存是方便的保存法，不過要特別留意豆腐和高脂肪的肉類等冷凍後會變得不易嚼食，而且一旦解凍後，寶寶吃剩的食物就不要再保存了。雖然放入微波爐中只是解凍，但只要將食物充分加熱，也能夠殺菌。

無論如何最好還是吃媽媽親手做的食物。

有些寶寶只肯吃嬰兒食品，媽媽辛苦做的食物卻不願意吃，這確實令人感到沮喪，不過就像大人喜歡吃慣的味道一樣，寶寶會這樣也是因為吃慣了嬰兒食品的關係，所以請別太擔心。若是五至六個月大的寶寶，均衡地餵食嬰兒食品，營養還算足夠，但最好還是要給他吃媽媽自製的副食品，可以先在自製的稀飯中，用嬰兒食品的蔬菜調味，讓寶寶逐步地適應。

即使是副食品也要注重外觀的美感。

寶寶到了一歲左右，視覺和情緒已有一定程度的發育，料理利用可愛的切模塑形，或是用番茄和黃椒等食材使色彩顯得更豐

富繽紛，寶寶看了一定會更喜歡。但是，不要只講究外觀，料理若不適合寶寶的咀嚼力，他仍然會拒吃，食物有適合的軟度還是比外觀來得重要。

副食品和生活

寶寶開始吃副食品後，生活也會產生各種變化，媽媽難免會有些緊張，
這個單元將就副食品和寶寶生活上的相關問題，
如排便情況、用餐教養等疑惑，詳加解答。

 **營養均衡很重要，
但可用數天作為一單位。**

寶寶成長的速度很快，新陳代謝也十分旺盛，所以最理想的狀況是餐餐都能攝取均衡營養，不過實際上做起來卻很累人，所以不必太嚴格，可用一天的總量來達到均衡的考量。例如，昨天的蔬菜太少，今天就多增加一些。仔細掌握餐點的內容，即使以數天作為一單位來計算也無妨。

 **在肉和魚的烹調方式上
要多花點心思。**

肉類和魚是不少寶寶初接觸時會排斥的食材，不過蛋白質並不是只含在肉和魚裡，寶寶若有吃起司、蛋和豆腐，攝取也就足夠了。不過若想他吃，可先試著改變肉和魚的烹調法或外觀，肉類可用絞肉混入豆腐做成漢堡，魚肉則磨細加入湯中，讓寶寶不知道吃的是肉或魚。另外，趁寶寶肚子餓的時候餵食，或許他就會願意吃了。

 **寶寶身體不適時
餵食副食品的重點。**

只要覺得寶寶有異狀，就該儘速就醫，並請教醫師有關副食品的問題。寶寶如果發燒，要多喝水，餐點溫度要稍涼以增進食欲。咳嗽時，要給寶寶吃較潤喉、爽口的食物，並烹調得更細滑；此外，柑橘類水果可能會誘發咳嗽，要暫時避免。有些寶寶可能會因病痛不肯吃東西，如果堅持不吃，則要增加配方奶量。寶寶即使康復後，也不要急著恢復平日的副食品，要視狀況一點一點慢慢地恢復。

 **預防寶寶食物中毒
的注意事項。**

從夏季到初秋，細菌很容易滋生，要特別

注意食物中毒的問題。首先，媽媽在烹調前和給寶寶食物前，要將手徹底清洗乾淨。砧板、菜刀等烹調用具清洗後，一定要用沸水再消毒一下。大人用和寶寶用的砧板儘量區隔開來，生、熟食用砧板也要分開。肉或魚一定要充分煮熟，蔬菜用自來水充分洗淨，儘量加熱後再給寶寶食用會比較衛生。

 **初嘗試的食材
要一點一點的增加。**

有不少的寶寶吃從未吃過的食物時，都會有腹瀉、皮膚起疹的現象，如果很嚴重，建議您要帶寶寶就醫。如果腹瀉或起疹的情形並不嚴重，寶寶也喜歡吃，就不必太擔心。稍微隔些時候，視寶寶的情況再讓他試試看，媽媽請別太緊張，一點一點慢慢增加，能餵的食物種類十分廣泛。

 **習慣副食品後，
排便狀況自然會恢復正常。**

寶寶開始吃副食品後，糞便變稀是常見的情形。之所以會變稀，是因為寶寶吃副食品後，腸內的細菌情況改變，等到習慣後糞便自然會恢復平常的狀態，不必太擔心。寶寶如果有精神、也有食欲，就繼續給他吃。但若寶寶無精打采，一天多次拉出水便時，可能是罹患感冒等疾病，就要儘速就醫。

 **排硬便時要多攝取
纖維和水分多的食物。**

有許多寶寶有便祕的情形，實在很可憐。寶寶如果有充分攝取餐點和奶，就要在菜色上多花點心思：加入水分和纖維質含量多的食品，用稀飯取代軟飯或是將蔬菜大致磨碎等。蘋果磨泥後，建議加些蘋果皮，也是增加纖維質的方法。另外，增加寶寶的活動量，便祕的情況大致都能改善，千萬別讓這種情況變得太嚴重。

 **即使糞便中混著蔬菜碎片，
營養還是有吸收。**

即使是大人，也會有食物未消化完全、被排出的情形，何況是消化功能尚未發育健全的寶寶，有些寶寶的糞便中會混有大量的蔬菜碎片，不過，就算情況十分明顯，這也是很平常的事。儘管乍看之下好像全排出來似地，但寶寶所需的營養已某種程度地吸收。可視寶寶的情況，只要不是嚴重腹瀉，就別太擔心。

看我吃東西坐得這麼端正，
很像個小淑女吧！

寶貝姓名：小栗子
生日：2005年12月6日
拍攝日期：2006年10月

國家圖書館出版品預行編目資料

健康寶寶副食品全書／積木文化編輯部企畫製作 --初版.-- 臺北市：積木文化出版；家庭傳媒城邦分公司發行，民96.09；112 面；21*28公分. (五味坊；46)

ISBN 978-986-7039-62-0（平裝）　1.育兒 2.食譜

428.3　　　　　　　　　　　　　　　　　　　　96014218

五　味　坊　**46**

健康寶寶副食品全書

企 畫 製 作／積木文化編輯部
食 譜 示 範／洪乃棠
攝　　　　影／廖家威
責 任 編 輯／陳嘉芬
特 約 編 輯／沙子芳、陳孟雪

發 行　　人／凃玉雲
總　編　輯／王秀婷
版　　　權／向艷宇
行 銷 業 務／黃明雪、陳志峰
出　　　版／積木文化
　　　　　　台北市104中山區民生東路二段141號5樓
　　　　　　電話：(02)25007696　　傳真：(02)25001953
　　　　　　官方部落格：http://www.cubepress.com.tw
　　　　　　FB：www.facebook.com/CubeZests
　　　　　　讀者服務信箱：service_cube@hmg.com.tw
發　　　行／英屬蓋曼群島商家庭傳媒股份有限公司城邦分公司
　　　　　　台北市民生東路二段141號2樓
　　　　　　讀者服務專線：(02)25007718-9　　24小時傳真專線：(02)25001990-1
　　　　　　服務時間：週一至週五上午09:30-12:00、下午13:30-17:00
　　　　　　郵撥：19863813　　戶名：書虫股份有限公司
　　　　　　網站：城邦讀書花園　網址：http://www.cite.com.tw
香港發行所／城邦（香港）出版集團有限公司
　　　　　　香港灣仔駱克道193號東超商業中心1樓
　　　　　　電話：852-25086231　　傳真：852-25789337
　　　　　　電子信箱：hkcite@biznetvigator.com
馬新發行所／城邦（馬新）出版集團
　　　　　　Cite (M) Sdn. Bhd.
　　　　　　41, Jalan Radin Anum, Bandar Baru Sri Petaling,
　　　　　　57000 Kuala Lumpur, Malaysia.
　　　　　　電話：(603) 90578822　　傳真：(603) 90576622
　　　　　　電子信箱：cite@cite.com.my

美 術 設 計／李慧聆
插　　　　畫／張家榮
製　　　版／上晴彩色印刷製版有限公司
印　　　刷／東海印刷事業股份有限公司

2007年（民96）9月15日初版　　　　　　　　Printed in Taiwan.
2016年（民105）1月8日初版19刷

城邦讀書花園
www.cite.com.tw

旅遊生活

養生

食譜　　收藏

品酒

設計　　　語言學習
　　育兒

手工藝

靜態閱讀，互動app，一書多讀好有趣！

CUBEPRESS, ebooks & apps
積木文化・電子書城

iTunes app store 搜尋：積木生活　　　　免費下載

LIGHT　HANDS　art school　游藝館　五感生活　飲饌風流　食之華　五味坊　漫繪系　deSIGN+　wel/ness

CUBEPRESS, All Books Online
積木文化・書目網

cubepress.com.tw/list

送給寶寶愛的手作布娃娃

感受美好溫觸 ● 親手完成夢想 ENJOY MY HANDMADE LIFE

用手套輕鬆做娃娃　　遠藤真澄 著

NT$280　HK$93　21 * 26 cm　80Pages

曾想過利用手套就能變化出一個充滿想像的魔法世界嗎？小魔女、美人魚、小貓咪、十二生肖，以及可愛活潑的小朋友們，都是用最普遍平凡的綿紗手套製作而成。本書有一系列的手套娃娃場景，只要你按照實物原寸尺型紙型，掌握住基本技巧，就能輕鬆變化出各種造型的手套娃娃溫柔陪伴你的寶寶。

手縫鄉村風布偶　　福村弘美 著

NT$280　HK$93　21 * 26 cm　80Pages

日本玩偶名師福村弘美以其最擅長的溫馨鄉村風格，設計出動物農莊與十二生肖等近30款的可愛造型動物。各式表情生動的娃娃布偶，從裡到外、包括每件衣服佩飾都是一針一線親手縫製，搭配營造出生動有趣的故事情節，深深吸引住小朋友們的目光，絕對能為你和寶寶一起創造出獨一無二的溫馨回憶。

手作泰迪熊家族　　福村弘美 著

NT$280　HK$93　21 * 26 cm　80Pages

福村弘美集合其多年心得，以最簡單有趣的方式，縫製出兼具創意與精緻度的泰迪熊，並針對每隻泰迪熊的個性與喜好，設計出專屬的服裝與配件。不管是拼布泰迪熊、絨毛泰迪熊或泰迪熊背包，都不再只是展示櫥窗中昂貴的收藏品，就開始動手，為你的寶寶親手縫製全世界最獨一無二的泰迪熊吧！

親親手作布玩具　　石川真理子 著

NT$280　HK$93　21 * 26 cm　96Pages

利用手邊輕易就能取得的素材，如不織布、毛巾、襪子、髮帶等，毋需經驗、不花時間，只要按照書中的步驟剪貼縫黏，就能做出媲美市售產品的布玩具，十分適合初次接觸手工藝的媽媽們。這些投入滿滿的愛所親手縫作的布玩具，不但增加親子間的互動，安全性更是滿分，也會是孩子成長後最寶貴的回憶喔！

和寶寶一起享受手作幸福生活
感受美好溫觸 • 親手完成夢想 ENJOY MY HANDMADE LIFE

愛的手織娃娃衣　　崔賢貞 著
NT$550　HK$183　21 * 26 cm　224Pages

兩支棒針、一捲織線，不需繁複的技巧，就能
編織出立體的衣物；親手編織的獨特性，更讓
編織品擁有滿點的溫暖。本書作品有觸感溫柔
的嬰兒衣物、輕柔保暖的幼兒織品、方便活動
的漂亮服飾、最受歡迎的實用服裝，及可快速
上手的可愛小品；每件作品都有建議尺寸、編
織詳盡作法與完整製圖，是入門者最佳選擇。

手縫幸福刺繡　　王棉 著
NT$280　HK$93　19 * 26 cm　80Pages

熱愛手工藝創作的王棉，在針端間找到平凡的
幸福和感動，她以基本針法、刺繡針法、手縫
＆刺繡技巧的教作，讓讀者體會手縫刺繡之
樂；本書以花草為題，收錄20餘件作品，包括
枕頭套、杯墊、圍裙、肩背袋、布書籤、抱
枕、布娃娃等，皆有詳盡的圖文解說和原型圖
案，希望手縫結合刺繡縫出永恆的甜蜜記憶。

小可愛刺繡　　Boutique-sha 著
NT$280　HK$93　21 * 26 cm　96Pages

本書集結十幾位日本知名的手作達人，將日常
生活的廚房雜貨、童話故事、動物花草、下午
茶等各種主題，組合成一幅幅畫作，即使只取
單一圖案，簡單可愛的造型仍令人愛不釋手。
請跟著我們一起將自己的心情，化身為可愛的
刺繡作品吧！

溫柔手作 • 室內鞋　　青木好能 著
NT$280　HK$93　19 * 26 cm　72Pages

室內鞋在生活裡扮演著默默無言卻不可或缺的
角色，若能擁有一雙特製且比市售拖鞋更能代
表品味的室內鞋，那就更完美了！本書收錄五
種素雅極簡卻造型各異的25款室內鞋，無論手
縫或機縫都能快速完成，能滿足所有人對於穿
著習慣和舒適度的不同要求，趁著週末時光，
為自己和家人縫製一雙舒適無比的室內鞋吧！